TAFELN DER FUNKTIONEN COSINUS UND SINUS

MIT DEN NATÜRLICHEN SOWOHL REELLEN ALS REIN IMAGINÄREN ZAHLEN ALS ARGUMENT

(KREIS UND HYPERBELFUNCTIONEN)

VON

DR. CARL BURRAU.

BERLIN
VERLAG VON GEORG REIMER
1907

MEINEM VEREHRTEN LEHRER UND FREUND

HERRN

PROFESSOR DR. T. N. THIELE

GEWIDMET

Es tritt bei den wissenschaftlichen und technischen Rechnern in den letzten Jahrzehnten eine immer stärkere Tendenz zur Anwendung von Rechentafeln und Rechenmaschinen und damit zusammenhängend eine geringere Anwendung von Logarithmen deutlich hervor. Da jedoch eine große Menge der besten Tafelwerke nicht die Funktionswerte selbst sondern ihre Logarithmen gibt, muß die erwähnte Tendenz notwendiger Weise die Herausgabe von Tafeln der Funktionswerte selbst hervorrufen. Die vorliegende Tafel ist als ein Glied dieser Bestrebungen aufzufassen. Unter den für den wissenschaftlichen Rechner wichtigsten Funktionen nehmen die Cosinus- und Sinus-Funktionen eine hervorragende Stelle ein, und um eine vollkommene rechnerische Verwertung dieser Funktionen zu erzielen, genügt es keineswegs die Argumente auf die reellen Zahlen zu beschränken.

Vorliegende Tafel ist deshalb auch auf rein imaginäre Argumente ausgedehnt. Diese Erweiterung bringt zwar die Unbequemlichkeit mit sich, daß die Tafel, um vollständig zu sein, bis zum Unendlichen ausgedehnt werden müßte. Die Unmöglichkeit diese Forderung zu erfüllen, führt zur Notwendigkeit einen Punkt zu fixieren, wo die Tafel aufhören soll. Derselbe ist hier so gewählt, daß die beiden Funktionen von diesem Punkte aus und für noch größere Argumente einander gleich sind und mit einer dritten Funktion, der Exponentialfunktion, verschmelzen.

Wenn man bei der hier gewählten Genauigkeit ($5^1/_2$ Ziffern) stehen bleibt, kann man bei $\psi = 8$ aufhören. Seite 8, 9, 10 und 44 habe ich einen frei gebliebenen Raum dazu benutzt, die Funktion e^{ψ}

mit derselben Genauigkeit für die Werte von $\psi = 8$ bis $\psi = 9.8$ zu geben. Es ist wohl überflüssig zu bemerken, daß die Exponentialfunktion für kleinere Argumente auch durch die Summen resp. Differenzen zweier Tafelwerte bestimmt ist, nämlich durch die Formeln

$$e^{\psi} = \cos i\,\psi + \frac{1}{i} \sin i\,\psi$$

$$e^{-\psi} = \cos i\,\psi - \frac{1}{i} \sin i\,\psi$$

Die vorliegende Tafel ist für eine größere von mir in Angriff genommene, etwa 5-stellige Genauigkeit fordernde Rechenarbeit (das Dreikörperproblem betreffend) nötig, und hierdurch ist auch die Stellenanzahl der Tafel bestimmt worden, wenigstens was den Teil mit rein imaginären Argumenten betrifft. Dem Teil mit reellen Argumenten habe ich noch eine Stelle hinzugefügt, und zwar weil es möglich war, auf den kleinen Raum von kaum sieben Seiten eine $6^1/_2$-stellige Tafel zusammenzudrängen, worin noch (unter Bezugnahme nur auf die ersten Differenzen) interpoliert werden kann. Wenn man sich erinnert, daß z. B. die Jordansche Ausgabe des „Opus Palatinum"*) mit nur 7-stelliger Genauigkeit 270 Seiten in Anspruch nimmt, scheint mir diese kondensierte Tafel einiges Interesse darzubieten.

Unter den vielfachen Tabulierungen der Cosinus- und Sinus-Funktionen für reelle Argumente gibt es meines Wissens keine, welche als Argument die Reihe der natürlichen Zahlen gewählt hat, wenigstens keine mit nur der ersten Differenz interpolierbare.

Die Erklärung hierzu ist wohl darin zu suchen, daß, wenn man die Argument-Einheit im rationalen Verhältnis zur Peripherie annimmt, also z. B. den Grad oder den Quadranten als Einheit wählt, die beiden Funktionen sich mit derselben Tafel tabulieren lassen. Auf diese Bequemlichkeit muß man zwar verzichten, wenn man die natürlichen Zahlen als Argument haben will, aber es gibt doch viele Gelegenheiten, wo eine Tafel wie die vorliegende nützlich sein kann, und da mir eben bei der oben erwähnten

---

*) Opus Palatinum. Sinus- und Cosinus-Tafeln von 10″ zu 10″. Herausgegeben von Dr. W. Jordan. Hannover und Leipzig 1897. 270 + VII Seiten.

Rechenarbeit eine solche Tafel fast ganz unentbehrlich war, habe ich ihre Herausgabe unternommen.

Eine kleine Verbesserung, die wohl künftig auch den Weg in andere Tafeln finden wird, erscheint hier meines Wissens zum ersten Male. Die Verbesserung betrifft die Abrundung und treibt die Genauigkeit, welche bei einer vorausgewählten Stellenanzahl erreicht werden kann, etwas weiter als es mit dem gewöhnlichen Abrundungsprinzip möglich ist. Die letzte Stelle tritt in der Tafel entweder mit oder ohne einen hinzugefügten Punkt auf. Der Punkt zeigt an, daß die folgenden Stellen einen Wert zwischen 0.25 und 0.75 der Einheit der letzten Tafelstelle haben. Was unter 0.25 liegt, wird weggelassen und was über 0.75 ist, gibt zur Erhöhung der letzten Tafelstelle Anlaß. Mit dem Punkte wird gerechnet wie mit der Ziffer 5 der ersten weggelassenen Tafelstelle. Ohne Vergrößerung des Umfanges einer Tafel wird hierdurch eine „halbe Stelle" gewonnen.

Die Einführung dieser Verbesserung verdanke ich Herrn Professor T. N. Thiele. Man muß sich darüber wundern, daß diese einfache Verbesserung nicht allgemein in Tafeln angewandt wird, umsomehr als etwas ähnliches (aber nicht ebenso gutes) mehrmals versucht worden ist. Der Schrönsche „Strich"*) ist z. B. bei den Rechnungen ziemlich schwierig zu berücksichtigen, wogegen man mit dem (0.5 bedeutenden) hier benutzten Punkte leicht und mit minimalem Mehraufwand von Arbeit rechnet. Unter den zahlreichen Rechnern, die in den verflossenen Jahren das wissenschaftliche Rechnen bei Herrn Prof. Thiele gelernt haben, gibt es mit einer einzigen Ausnahme niemand, der nicht dasselbe Wohlbehagen wie ich bei dem Rechnen mit dem Punkt fühlt.

---

*) Dr. Ludwig Schrön: Siebenstellige Logarithmen. 14. Stereotyp-Ausgabe. Braunschweig 1875. Vorrede Seite III, Zeile 13.

Dasselbe Abrundungsprinzip wie bei Schrön ist auch in den großen achtstelligen Logarithmentafeln des französischen Generalstabs angewendet. Der Punkt nach der letzten Tafelstelle bedeutet also dort $\div 0.25$, wogegen zu allen nicht mit den Punkten versehenen Tafelstellen der Addent 0.25 hinzuzufügen ist.

Da ich die Tafel in so gedrängter Form wie möglich zu haben wünschte, jedoch ohne die Interpolation mit der ersten Differenz unmöglich zu machen, wird diese erste Differenz ziemlich groß; die letzte Kolumne jeder Seite gibt unter der Überschrift △ (siehe Tafel) den Mittelwert der Differenzen der betreffenden Zeile an, und es empfiehlt sich bei der Interpolation spezielle Rechentafeln zu benutzen. Um jedoch immer das Nötige bei der Hand zu haben, werden die 18 letzten Seiten dazu benutzt, eine kleine, „ein mal 3-stellige" Rechentafel zu geben, welche, soviel ich weiß, noch nicht in der Tafelliteratur erschienen ist. Es empfiehlt sich, diesen Teil getrennt von der Tafel selbst zu halten und nicht z. B. mit der Tafel einbinden zu lassen.

TABLES

OF

COSINE AND SINE

OF REAL AND IMAGINARY ANGLES
EXPRESSED IN RADIANS

(CIRCULAR AND HYPERBOLIC FUNCTIONS)

BY

DR. CARL BURRAU.

BERLIN
VERLAG VON GEORG REIMER
1907

During the last few decades there has been an increasing use by scientific and technical computers of the arithmometer or of tables of natural functions in preference to logarithms. As a great many of the best tables only give the logarithm of the function, this tendency will lead in time to the publication of tables containing the values of the function itself. The present tables should be looked upon as forming a contribution to this end. Among the functions which are of the greatest service to the scientific computer the Cosine and Sine occupy an important place, and in order to exhaust the advantages of these functions as an aid to numerical computation, it is by no means sufficient to confine the series of arguments to real numbers.

The present tables have therefore been extended to imaginary arguments, in other words to hyperbolic cosines and sines. This extension is not without a certain drawback, because the tables, in order to be complete, would strictly have to be continued ad infinitum. The impossibility of such a plan leads of necessity to the choice of a limiting value of the argument. In our case this has been determined by the consideration that the argument shall be so large that the hyperbolic cosine and sine shall be equal to one another, within the limit of accuracy adopted in the table, and equal to $^1/_2\, e^{\psi}$.

If, as in our case, an accuracy corresponding to $5\,^1/_2$ figures is aimed at, we can stop at $\psi = 8$. Page 8, 9, 10 and 44. I have used an unoccupied space for giving the values of the function e^{ψ} with the same accuracy for the arguments from $\psi = 8$ to $\psi = 9.8$. It is obvious that the Exponential function for smaller arguments also can be determined as the sum or difference of two of the tabular values, by means of the formulae

$$e^{\psi} = \cos i\,\psi + \tfrac{1}{i} \sin i\,\psi$$
$$e^{-\psi} = \cos i\,\psi - \tfrac{1}{i} \sin i\,\psi.$$

The present tables owe their existence to an extensive piece of work concerning the Problem of the Three Bodies with which I have been occupied, and which requires an accuracy of about 5 figures. The number of places of decimals to which the tables were to go was determined by the requirements of this piece of astronomical work — at least this was so in the tables of functions of imaginary arguments. One more figure was added to the tables with real arguments, principally because it was found possible in the small space of less than seven pages to comprise the whole of a $6^1/_2$-figured table, which allows interpolation with only first differences. When it is considered, that Jordan's edition*) of "Opus Palatinum" for instance, which only gives seven figures, occupies 270 pages, I venture to think that my abbreviated tables present some interest.

Among the numerous tables of Cosines and Sines with real arguments it is strange that there is not one, based on natural arguments, or radians.

The explanation probably is, that if the unit of argument is such, that its ratio to the circumference is rational, for instance if the degree or the quadrant is the unit, the value of both functions are given by one and the same table. If natural arguments are used, it is necessary to give up this convenience; yet there are many occasions where a table like the present one may prove useful, and as, in the course of my calculations,

*) Opus Palatinum. Sinus- und Cosinus-Tafeln von 10'' zu 10''. Herausgegeben von Dr. W. Jordan. Hannover und Leipzig 1897. 270 + VII pages.

I found a table of this kind almost indispensable, I decided to publish one.

A small improvement — which may in future find its way into other tables — is in the present case applied for the first time, as far as I know. The improvement is in respect of the adjustment of the last decimal and leads to a somewhat greater accuracy than could be obtained by an ordinary table with the same number of figures. The last figure retained presents itself either with or without a "point". The point means that the residue is comprised within 0.25 and 0.75 units of the last place. Fractions below 0.25 have been rejected and fractions above 0.75 have caused the last decimal place to be increased. The point is exactly equivalent to the figure 5 in the first place of the rejected decimals, and the effect is that, as it were "half a decimal" more is obtained without increasing the volume of the table.

This improvement is due to Professor T. N. Thiele. It is strange that this simple artifice has not been introduced before in tables, although similar suggestions — although not equally good ones — have several times been made. For instance, Schrön's "dash"*) is rather difficult to take into account in the calculation, while our "point" (written for 0.5) enters into the calculation with hardly any additional trouble. Among the many men who, in the course of years, have had their training in scientific calculation from Prof. Thiele it would probably not be esay to find even one who does not feel it perfectly easy to take the point into account.

The last column on each page gives under the heading Δ the mean value of the differences in the corresponding line. It would

*) Dr. Ludwig Schrön: Siebenstellige Logarithmen. 14. Stereotyp-Ausgabe, Braunschweig 1875. Vorrede page III, line 13.

The same adjustment of the last decimal is also applied in the great 8-figured table of the French General Staff. The "point" there denotes · 0.25, while it is to be understood, that 0.25 should be added to all figure without the "point".

have made the table too bulky to have given complete tables of proportional parts, and it will therefore be convenient to use auxiliary tables for the interpolation. In order to have all the material at hand, the last 18 pages have been devoted to a one-by-three figured table of products, which has not yet, as far as I know, been given elsewhere.

It is recommended that this part of the table be kept apart from the rest, and bound separately.

TABLES DES FONCTIONS
COSINUS ET SINUS

DES NOMBRES NATURELS, RÉELS ET IMAGINAIRES PURS

(FONCTIONS CIRCULAIRES ET HYPERBOLIQUES)

PAR

DR. CARL BURRAU.

BERLIN
GEORG REIMER
1907

Depuis une vingtaine d'années on trouve, chez les calculateurs, hommes de science ou techniciens, une tendance à substituer aux logarithmes l'usage des machines à calcul et des tables préparées specialement en vue des applications: cependant, parmi les meilleures de ces tables, un grand nombre ne donnent pas les valeurs des fonctions elles-mêmes, mais bien celles de leurs logarithmes, tandis que, pour satisfaire au courant que nous venons de signaler, il faut nécessairement songer à donner naissance à des tables qui contiendront les valeurs mêmes des fonctions.

C'est pour contribuer à la satisfaction de ce besoin que nous donnons la présente Table.

Parmi les fonctions essentielles, pour le calculateur scientifique, les cosinus et sinus jouent un rôle fondamental mais, si l'on veut en tirer tout le parti possible au point de vue des applications, il ne suffit pas de borner aux nombres réels la valeur de la variable indépendante dans ces deux fonctions: aussi avons-nous étendu notre table aux valeurs purement imaginaires de la variable. Sans doute, pour être complète, une telle extension exigerait que la table fut poursuivie jusqu'à l'infini, mais l'impossibilité même de cette solution nous oblige à lui fixer une limite: ce point sera determiné par ce fait que, à partir de cette valeur et pour les valeurs supérieures de la variable indépendante, les deux fonctions déviennent identiques et coïncident avec une même troisième, à savoir la moitié de la fonction exponentielle — avec l'approximation adoptée, bien entendu.

En bornant l'exactitude à la moitié du sixième chiffre caractéristique, on peut s'arrêter ainsi à $\psi = 8$; et, en disposant convenablement de l'espace libre dans les p. 8, 9, 10 et 44 nous avons pu donner les valeurs de la fonction e^{ψ}, avec la même exactitude, entre $\psi = 8$ et $\psi = 9{,}8$. Il est à peine besoin de dire que, pour des valeurs plus petites de la variable indépendante, la fonction exponentielle peut être obtenue, à l'aide de la table, en appliquant les deux formules

$$e^{\psi} = \cos i\,\psi + \tfrac{1}{i} \sin i\,\psi$$
$$e^{-\psi} = \cos i\,\psi - \tfrac{1}{i} \sin i\,\psi$$

Cette table fut créée dès l'origine de recherches numériques, conçernant le problème des trois corps, et qui nécessitaient environ cinq chiffres exacts: c'est ainsi, en tout cas, que fut fixé le nombre des décimales dans la partie qui renferme les valeurs purement imaginaires de la variable indépendante. Pour la partie consacrée à la variable réelle, nous avons cru devoir ajouter encore une décimale parce que, dans l'espace très limité de sept pages, on peut trouver place pour concentrer une table exacte à moins de la moitié du septième chiffre, et dans laquelle on peut encore interpoler, en se bornant à la différence première. On trouvera peut-être que notre table, si réduite, présente un certain intérêt, si l'on veut bien se rappeler, par exemple, que l'édition de M. Jordan*) pour l'ancien »opus palatinum«, avec sept chiffres decimaux, exige 270 pages. —

Les tables sont nombreuses pour les fonctions cosinus et sinus d'une variable réelle mais, à notre connaissance, aucune ne prend les nombres naturels comme variable indépendante: en tout cas, il n'existe pas de table de ce genre dans laquelle on puisse interpoler en appliquant uniquement la différence première.

L'absence de telles tables comporte une explication, et il la faut chercher, peut-être, dans ce fait que les deux fonctions, cosinus et sinus, se trouvent dans la même table si l'on prend pour unité de la variable indépendante une quantité qui soit une

---

*) Opus Palatinum. Sinus- und Cosinus-Tafeln von 10″ zu 10″. Herausgegeben von Dr. W. Jordan. Hannover und Leipzig 1897. 270 + VII Seiten.

raction rationelle de la circonférence, le degré, par exemple, ou le quart de la circonférence. Certainement, si l'on prend le nombre naturel pour variable indépendante, il faut renoncer à un pareil avantage et, cependant, une table comme la nôtre peut être très utile pour de nombreux calculs: l'ayant trouvée indispensable dans nos recherches, nous nous proposâmes de la publicr.

Nous croyons être les premiers à utiliser un petit perfectionnément que l'on retrouvera, sans doute, dans des tables postérieures: il s'agit d'arrondir la table par l'usage du point, usage dont l'introduction est due à M. T. N. Thiele et, alors que l'on essaya à diverses reprises des méthodes d'abréviation analogues, mais moins pratiques, il est singulier de constater que cette idée aussi simple n'a pas encore été mise à contribution dans les applications.

Voici comment, par cette méthode, étant donnés un certain nombre de chiffres caractéristiques, on peut pousser l'exactitude un peu plus loin que dans la méthode ordinaire:

On trouve souvent, dans la table, un point, contigu à la dernière décimale: ce point indique que la décimale suivante est située entre 0.25 et 0.75 du dernier chiffre inscrit. Ainsi, les restes inférieures à 0.25 sont supprimés, tandis que le dernier chiffre est majoré d'une unité si le reste dépasse 0.75; la présence de ce point vous informe donc qu'il faut calculer comme si le chiffre supprimé était un 5 et, sans augmenter les dimensions de la table, cette méthode fournit une »demi-décimale« de plus.

Dans la grande Table de l'Etat-Major Général de France: Service géographique de l'armée; Table de Logarithmes à huit décimales — Paris, 1891 — une petite barre après le dernier chiffre indique qu'il faut retrancher 0.25: il faut ajouter cette même quantité à tous les chiffres non munis de ce trait.*) Mais ce

*) On trouve la même méthode, avec une autre exécution typographique, dans la Table de M. Schrön:

Dr. Ludwig Schrön: Siebenstellige Logarithmen. 14. Stereotyp-Ausgabe. Braunschweig 1875. Vorrede page III, ligne 13.

procédé ne parait pas le plus pratique, et l'on calcule, presque sans augmenter le travail, en utilisant le point égal à 0.5: au reste, parmi les nombreux calculateurs qui, auprès de M. Thiele, se sont exercés à l'art du calcul, tous — sauf un seul, peut-être — ont reconnu les facilités apportés par le susdit point.

Nous avons souhaité donner une table sous une forme aussi condensée que possible sans, pour cela, rendre impossible l'interpolation par le recours aux différences premières: mais, alors, ces différences de premier ordre sont assez grandes; à chaque page, sous le signe △, la dernière colonne donne la moyenne des différences de la ligne correspondante.

Dans les calculs necessités par les interpolations, il est précieux de recourir à des tables de multiplication particulières, comme les Tables de calcul de M. A. L. Crelle, ou les Tables plus compendieuses de M. Zimmermann. Or, pour que le calculateur trouve toujours à sa disposition une telle assistance nous avons donné dans les 18 dernières pages, sous forme de Table, les produits des nombres de trois chiffres par ceux d'un chiffre, et il est à recommander, pour faciliter les manipulations, de tenir distinctes la table principale et cette table auxiliaire — qu'elles soient reliées, ou brochées, séparément.

ERSTER TEIL

COSINUS UND SINUS

DER

NATÜRLICHEN, REELLEN ZAHLEN

(KREISFUNCTIONEN)

ψ	$\cos\psi$ 0	1	2	3	4	5	6	7	8	9	Δ
0·00	1·0 00000	$\bar{9}$9999·	$\bar{9}$9998	$\bar{9}$9995·	$\bar{9}$9992	$\bar{9}$9987·	$\bar{9}$9982	$\bar{9}$9975·	$\bar{9}$9968	$\bar{9}$9959	5
·01	0·9 99950	99939·	99928	99915·	99902	99887·	99872	99855·	99838	99819·	15
·02	99800	99779·	99758	99735·	99712	99687·	99662	99635·	99608	99579·	25
·03	99550	99519·	99488	99455·	99422	99387·	99352	99315·	99278	99239·	35
·04	99200	99159·	99118	99075·	99032	98987·	98942	98895·	98848	98799·	45
0·05	0·9 98750	98700	98648·	98596	98542·	98488	98432·	98376	98318·	98260	54
·06	98200·	98140	98078·	98016	97952·	97888·	97823	97756·	97689	97620·	65
·07	97551	97480·	97409	97336·	97263·	97189	97113·	97037	96959·	96881	74·
·08	96801·	96721·	96640	96557·	96474	96389·	96304·	96218	96130·	96042	84·
·09	95952·	95862·	95771	95678·	95585·	95491	95395·	95299	95202	95103·	94·
0·10	0·9 95004	94904	94802·	94700	94597	94492·	94387	94281	94173·	94065·	105
·11	93956	93846	93734·	93622	93509	93394·	93279·	93163·	93046	92928	114·
·12	92808·	92688·	92567	92445	92322	92197·	92072·	91946·	91819	91691	124
·13	91562	91432	91300·	91168·	91035·	90901·	90766·	90630	90493	90355	134·
·14	90216	90076	89935	89793	89650	89506	89361	89215	89068	88920	144·
0·15	0·9 88771	88621	88470	88318·	88165·	88011·	87856·	87701	87544	87386	154
·16	87227·	87067·	86906·	86745	86582	86418·	86253·	86088	85921	85753·	164
·17	85585	85415	85244·	85073	84900	84726·	84552	84376·	84200	84022·	174
·18	83844	83664	83483·	83302·	83120	82936·	82752	82566·	82380	82192·	184
·19	82004·	81815	81624·	81433·	81241	81047·	80853·	80658·	80462	80265	193·
0·20	0·9 80066·	79867·	79667·	79466	79264	79061	78857	78652	78446	78239	203·
·21	78031	77822	77612	77401	77189	76976·	76762·	76547·	76332	76115	213·
·22	75897·	75678·	75459	75238·	75016·	74794	74570·	74346	74120	73894	223
·23	73666·	73438	73208·	72978	72746·	72514·	72281	72046·	71811·	71575	233
·24	71338	71100	70860·	70620·	70379·	70137·	69894·	69650	69405·	69159·	243
0·25	0·9 68912·	68664·	68415·	68166	67915	67663·	67410·	67157	66902	66646·	252
·26	66390	66132·	65874	65614·	65354	65092·	64830	64566·	64302·	64037	262
·27	63771	63503·	63235·	62966·	62696	62425	62153	61880	61606	61331·	271·
·28	61055·	60778·	60501	60222	59942·	59661·	59380	59097·	58814	58529·	281
·29	58244	57957·	57670	57381·	57092·	56802	56511	56219	55925·	55631·	292
0·30	0·9 55336·	55040·	54743·	54445·	54147	53847	53546	53244·	52942	52638	300
·31	52333·	52028	51721·	51414	51105·	50796·	50486	50175	49862·	49549·	309
·32	49235·	48920·	48604·	48287·	47969·	47650·	47331	47010	46688·	46365·	319
·33	46042·	45718	45392·	45066	44738·	44410·	44081	43751	43419·	43087·	328
·34	42754·	42420·	42086	41750	41413	41075·	40737	40397	40056·	39715	337
0·35	0·9 39372·	39029·	38685	38340	37993·	37646·	37298·	36949·	36599·	36248·	346
·36	35897	35544	35190·	34836	34480	34124	33766·	33408	33048·	32688·	356
·37	32327·	31965·	31602·	31238·	30873·	30507·	30141	29773·	29404·	29035	366
·38	28664·	28293·	27921	27547·	27173·	26798·	26422·	26045·	25667·	25289	376
·39	24909	24528·	24147	23764·	23381	22996·	22611·	22225	21838	21450	384
0·40	0·9 21061	20671	20280·	19888·	19496	19102·	18708	18312·	17916	17519	395
·41	17121	16722	16322	15921	15519	15116·	14712·	14307·	13902·	13496	403
·42	13089	12681	12271·	11861·	11450·	11039	10626	10212·	09797·	09382	412
·43	08966	08548·	08130	07711	07291	06870	06448	06025·	05601·	05177	421
·44	04751·	04325·	03898	03470	03040·	02610·	02179·	01748	01315	00881·	430
0·45	0·9 00447	00011·	$\bar{9}$9575·	$\bar{9}$9138	$\bar{9}$8700	$\bar{9}$8261	$\bar{9}$7821	$\bar{9}$7380·	$\bar{9}$6938·	$\bar{9}$6496	439
·46	0·8 96052·	95608	95163	94716·	94269·	93821·	93372·	92923	92472·	92020·	448
·47	91568·	91115	90661	90205·	89749·	89292·	88835	88376·	87917	87456·	457
·48	86995	86532·	86069·	85605·	85140·	84675	84208·	83741	83272·	82803	465
·49	82333	81862	81390	80917	80443·	79968·	79493	79017	78539·	78061·	474
0·50	0·8 77582·	77102·	76622	76140·	75658	75174·	74690	74205	73719	73232·	484

ψ	sin ψ 0	1	2	3	4	5	6	7	8	9	Δ
0·00	0·0 00000	01000	02000	03000	04000	05000	06000	07000	08000	09000	1000
·01	10000	11000	11999·	12999·	13999·	14999·	15999·	16999	17999	18999	1000
·02	19998·	20998·	21998	22998	23997·	24997	25997	26996·	27996·	28996	999
·03	29995·	30995	31994·	32994	33993·	34993	35992	36991·	37991	38990	999
·04	39989·	40988·	41987	42986·	43986	44985	45984	46982·	47981·	48980·	999
0·05	0·0 49979	50978	51976·	52975	53974	54972	55970·	56969	57967·	58965·	998·
·06	59964	60962	61960·	62958·	63956·	64954	65952	66950	67947·	68945	998
·07	69943	70940·	71938	72935	73932·	74929·	75927	76924	77921	78918	997
·08	79914·	80911·	81908	82904·	83901	84897·	85894	86890	87886·	88882·	996·
·09	89878·	90874·	91870	92866	93861·	94857	95852·	96848	97843	98838·	995
0·10	0·0 99833·	0̄0828·	0̄1823·	0̄2818	0̄3812·	0̄4807	0̄5801·	0̄6796	0̄7790	0̄8784·	994
·11	0·1 09778·	10772	11766	12759·	13753	14746·	15740	16733	17726	18719	993·
·12	19712	20704·	21697	22689·	23682	24674·	25667	26659	27651	28642·	992
·13	29634	30625·	31617	32608	33599	34590	35581	36572	37562·	38553	990·
·14	39543	40533	41523·	42513	43503	44492·	45482	46471	47460·	48449	989·
0·15	0·1 49438	50427	51415·	52403·	53392	54380	55368	56356	57343·	58331	988
·16	59318·	60305·	61292·	62279	63266	64252·	65238·	66225	67211	68196·	986·
·17	69182·	70168	71153	72138·	73123·	74108	75093	76077	77061·	78045·	985
·18	79029·	80013·	80997	81980·	82963·	83946·	84929·	85912	86894·	87877	983
·19	88859	89841	90822·	91804	92785·	93766·	94747·	95728·	96709	97689	981·
0·20	0·1 98669·	99649·	0̄0629	0̄1608·	0̄2588	0̄3567	0̄4546	0̄5525	0̄6503·	0̄7482	978
·21	0·2 08460	09438	10415·	11393	12370·	13347·	14324·	15301	16277·	17253·	977
·22	18229·	19205·	20181	21156·	22131·	23106·	24081	25055·	26030	27003·	975
·23	27977·	28951	29924·	30897·	31870·	32843	33815·	34787·	35759·	36731	972
·24	37702·	38674	39645	40615·	41586	42556·	43526·	44496	45465·	46435	970
0·25	0·2 47404	48373	49341·	50309·	51277·	52245·	53213	54180	55147	56114	968
·26	57080·	58047	59013	59978·	60944	61909	62874	63839	64803·	65767·	965
·27	66731·	67695	68658·	69621·	70584·	71547	72509	73471	74433	75394·	962·
·28	76355·	77316·	78277	79237·	80197·	81157·	82117	83076	84035	84994	960
·29	85952·	86910·	87868	88825·	89783	90740	91696·	92653	93609	94564·	957
0·30	0·2 95520	96475·	97430	98385	99339	0̄0293	0̄1247	0̄2200·	0̄3153·	0̄4106	953
·31	0·3 05058·	06011	06962·	07914·	08865·	09816·	10767	11717·	12667·	13617	950
·32	14566·	15515·	16464·	17413	18361	19309	20256·	21203·	22150·	23097	948
·33	24043	24989	25934·	26879·	27824·	28769	29713·	30657·	31601	32544	944
·34	33487	34429·	35372	36313·	37255·	38196·	39137·	40078	41018·	41958	940
0·35	0·3 42898	43837	44776	45714·	46652·	47590·	48528	49465	50401·	51338	937
·36	52274	53210	54145·	55080·	56015	56949·	57883	58817	59750	60683	933·
·37	61615·	62547·	63479·	64411	65342	66272·	67203	68133	69062·	69991·	930
·38	70920·	71849	72777	73704·	74632	75559	76486	77412	78338	79263·	927
·39	80188·	81113	82037·	82961·	83885	84808	85731	86653·	87575·	88497	923
0·40	0·3 89418·	90339	91259·	92179·	93099·	94018·	94937·	95856	96774·	97692	919
·41	98609·	99526	0̄0443	0̄1359	0̄2274·	0̄3190	0̄4105	0̄5019·	0̄5933·	0̄6847	915
·42	0·4 07760·	08673·	09586	10498	11409·	12321	13231·	14142	15052	15961·	910
·43	16871	17779·	18688	19596	20503·	21410·	22317	23223·	24129	25034·	907
·44	25939·	26844	27748	28652	29555	30458	31360·	32262·	33164	34065	902
0·45	0·4 34965·	35866	36765·	37665	38564	39462·	40360·	41258	42155	43052	898
·46	43948	44844	45739·	46634	47529	48423	49316·	50209·	51102·	51994·	894
·47	52886·	53777·	54668·	55559	56449	57338·	58227·	59116	60004·	60892	889
·48	61779	62666	63552·	64438	65323·	66208·	67093	67976·	68860·	69743·	884·
·49	70626	71508	72389·	73270·	74151·	75031·	75911·	76790·	77669·	78548	880
0·50	0·4 79425·	80303	81180	82056·	82932	83807·	84682·	85557	86431	87304·	875

ψ	cos ψ 0	1	2	3	4	5	6	7	8	9	Δ
0·50	0·8 77582·	77102·	76622	76140·	75658	75174·	74690	74205	73719	73232·	484
·51	72744·	72256	71766·	71276	70785	70292·	69799·	69306	68811	68315·	492·
·52	67819	67322	66823·	66324·	65824·	65324	64822·	64319·	63816·	63312	500·
·53	62807	62301	61794	61286·	60778	60268·	59758·	59247	58735	58222·	510
·54	57708·	57194	56678·	56162·	55645·	55127·	54608·	54088·	53568	53047	518·
0·55	0·8 52524·	52001·	51477	50952·	50427	49900·	49373	48845	48315·	47786	527
·56	47255	46723·	46191	45657·	45123·	44588·	44052·	43516	42978·	42440	535·
·57	41901	41361	40820	40278	39735·	39192·	38648	38103	37557	37010	543·
·58	36462·	35914	35365	34815	34264	33712	33159·	32606	32051·	31496·	552
·59	30940·	30384	29826·	29268	28708·	28148·	27587·	27026	26463	25900	560·
0·60	0·8 25335·	24770·	24205	23638	23070·	22502	21933	21363	20792	20220·	569
·61	19648	19074·	18500·	17925·	17350	16773·	16196	15618	15039	14459	577
·62	13878·	13297	12714·	12131·	11548	10963	10377·	09791·	09204	08616	585
·63	08027·	07438	06847·	06256·	05664·	05071·	04478	03883·	03288·	02692·	593
·64	02095·	01498	00900	00300·	9̄9700·	9̄9100	9̄8498	9̄7895·	9̄7292·	9̄6688·	600·
0·65	0·7 96083·	95478	94872	94264·	93656·	93048	92438·	91828	91217	90605	609
·66	89992	89379	88764·	88149·	87533·	86917	86299·	85681	85062	84442·	617
·67	83821·	83200·	82578	81955	81331·	80707	80081·	79455·	78828·	78201	625
·68	77572·	76943·	76313·	75683	75051·	74419	73786	73152	72517·	71882	632·
·69	71246	70609	69971·	69333	68693·	68053·	67413	66771·	66129	65486	640·
0·70	0·7 64842	64197·	63552	62906	62259	61611·	60963	60314	59664	59013·	648
·71	58362	57709·	57056·	56403	55748·	55093·	54437	53780·	53123	52464·	655·
·72	51806	51146	50485·	49824	49162	48499·	47836	47171·	46506·	45841	663
·73	45174·	44507	43839	43170·	42501	41831	41159·	40488	39815·	39142·	670·
·74	38468·	37794	37118·	36442·	35765·	35088	34409·	33730·	33050·	32370	678
0·75	0·7 31689	31007	30324	29640·	28956·	28271·	27586	26899·	26212·	25524·	685
·76	24836	24146·	23456·	22766	22074·	21382·	20689·	19996	19301·	18606·	692·
·77	17910·	17214	16517	15819	15120·	14421	13721	13020	12318·	11616·	699·
·78	10913·	10210	09505·	08800·	08095	07388	06681	05973	05264·	04555	707
·79	03845	03134·	02423	01711	00998	00284·	9̄9570·	9̄8855·	9̄8140	9̄7423·	714
0·80	0·6 96706·	95989	95270·	94551·	93831·	93111	92390	91668	90945·	90222·	720·
·81	89498·	88774	88048·	87322·	86596	85868·	85140·	84411·	83682	82952	727·
·82	82221	81490	80757·	80024·	79291	78557	77822	77086·	76350	75613·	734·
·83	74875·	74137·	73398·	72659	71918·	71177·	70436	69693·	68950·	68207	741·
·84	67463	66718	65972	65226	64479	63731·	62983	62234	61484·	60734	748
0·85	0·6 59983	59231·	58479·	57726·	56973	56218·	55463·	54708	53952	53195	754·
·86	52437·	51679·	50920·	50161	49401	48640	47878·	47116·	46354	45590·	761
·87	44826·	44062	43296·	42530·	41764	40997	40229	39460·	38691·	37921·	767·
·88	37151	36380	35608·	34836	34063	33289·	32515·	31740·	30965	30188·	774
·89	29412	28634·	27856·	27078	26298·	25519	24738·	23957	23175·	22393	780·
0·90	0·6 21610	20826·	20042	19257	18471·	17685·	16899	16111·	15323·	14535	786·
·91	13745·	12956	12165·	11374·	10583	09790·	08997·	08204	07410	06615·	792·
·92	05820	05024·	04227·	03430·	02633	01834·	01035·	00236	9̄9436	9̄8635·	798·
·93	0·5 97834	97032	96229·	95426·	94622·	93818·	93013·	92208	91402	90595·	804·
·94	89788	88980	88172	87363	86553	85743	84932	84120·	83308·	82496	810·
0·95	0·5 81683	80869·	80055	79240·	78425	77609	76792	75975	75157	74339	816·
·96	73520	72700·	71880·	71060	70238·	69417	68594·	67771·	66948	66124	822
·97	65299·	64474·	63648·	62822·	61995·	61168	60340	59511·	58682·	57852·	828
·98	57022·	56192	55360·	54528·	53696	52863	52029·	51195·	50361	49525·	833·
·99	48690	47853·	47016·	46179·	45341·	44503	43664	42824	41984	41143·	838·
1·00	0·5 40302·	39460·	38618·	37775·	36932	36088·	35243·	34398·	33553	32707	844

ψ	sin ψ	0	1	2	3	4	5	6	7	8	9	Δ
0·50	0·4	79425·	80303	81180	82056·	82932	83807·	84682·	85557	86431	87304·	875
·51		88177·	89050	89922	90793·	91664·	92535	93405	94274·	95143·	96012	870·
·52		96880	97747·	98615	99481·	0̄0347·	0̄1213	0̄2078	0̄2942·	0̄3806·	0̄4670·	865·
·53	0·5	05533·	06396	07258	08119·	08980·	09841	10701	11560·	12419·	13278	860
·54		14136	14993·	15850·	16706·	17562·	18418	19273	20127·	20981	21834·	855
0·55	0·5	22687	23539·	24391	25242·	26093	26943	27793	28642	29490·	30339	850·
·56		31186	32033	32879·	33725·	34571	35416	36260	37104	37947	38790	844·
·57		39632	40473·	41314·	42155·	42995·	43835	44674	45512	46350	47187	839
·58		48024	48860	49695·	50531	51365·	52199·	53033	53865·	54698	55530	833·
·59		56361	57191·	58022	58851·	59680·	60508·	61336·	62164	62990·	63817	828
0·60	0·5	64642·	65467	66292	67116	67939·	68762	69584·	70406	71227	72047·	822·
·61		72867·	73687	74505·	75324	76141·	76958·	77775	78591	79406	80221	816·
·62		81035	81849	82662	83474	84286	85097·	85908	86718	87527·	88336·	810·
·63		89144·	89952·	90759·	91566	92372	93177·	93982·	94786·	95590	96393	805
·64		97195·	97997	98798·	99599	0̄0399	0̄1198·	0̄1997·	0̄2795·	0̄3593	0̄4390	799
0·65	0·6	05186·	05982	06777·	07572	08366	09159	09952	10744	11535·	12326·	793
·66		13117	13906·	14695·	15484	16272	17059	17846	18631·	19417	20202	787
·67		20986	21769·	22552·	23334·	24116·	24897·	25678	26457·	27236·	28015	780·
·68		28793	29570·	30347	31123	31898·	32673	33447	34220·	34993·	35765·	774·
·69		36537	37308	38078·	38848	39617	40385·	41153	41920	42686·	43452·	768
0·70	0·6	44217·	44982	45746	46509·	47272	48034	48795	49556	50316	51075	761·
·71		51834	52592	53349	54106	54862	55617·	56372	57126·	57880	58632·	755
·72		59384·	60136	60887	61637	62386·	63135·	63883·	64631	65378	66124	748·
·73		66869·	67614·	68358·	69102	69845	70587	71328·	72069·	72809·	73549	742
·74		74288	75026	75763·	76500·	77236·	77972	78706·	79440·	80174	80906·	735
0·75	0·6	81639	82370	83100·	83831	84560	85288·	86016·	86744	87470·	88196	728
·76		88921·	89646	90369·	91093	91815	92537	93258	93978·	94698	95417	721·
·77		96135	96853	97569·	98286	99001·	99716	0̄0430	0̄1143·	0̄1856	0̄2568	714·
·78	0·7	03279·	03990	04700	05409	06117·	06825	07532	08238·	08944	09649	707·
·79		10353·	11056·	11759·	12461·	13163	13863·	14563·	15262·	15961	16659	700·
0·80	0·7	17356	18052·	18748	19443	20137	20830·	21523·	22215·	22906·	23597·	693
·81		24287	24976·	25664·	26352·	27039·	27725·	28411	29096	29780	30463·	685·
·82		31146	31827·	32509	33189	33869	34548	35226	35903·	36580	37256	678·
·83		37931·	38606	39279·	39952·	40625	41296·	41967·	42637·	43306·	43975	671
·84		44643	45310	45976·	46642	47307	47971	48634·	49297	49959	50620	663·
0·85	0·7	51280·	51940	52599	53257	53914·	54571	55227	55882	56536	57190	656
·86		57842·	58494·	59146	59796·	60446	61095·	61743·	62391	63037·	63684	648·
·87		64329	64973·	65617	66260	66902	67543·	68184	68824	69463	70101·	641
·88		70739	71375·	72011·	72647	73281·	73915	74548	75180	75811·	76442	633
·89		77072	77700·	78329	78956·	79583	80209	80834·	81458·	82082	82705	625·
0·90	0·7	83327	83948	84568·	85188·	85807	86425	87042·	87659	88274·	88889·	617·
·91		89503·	90117	90729·	91341·	91952·	92562·	93172	93780·	94388·	94995·	610
·92		95601·	96207	96811·	97415·	98018·	98621	99222·	99823	0̄0422·	0̄1022	601·
·93	0·8	01620	02217·	02814	03410	04005	04599	05192·	05785	06377	06968	594
·94		07558	08147·	08736	09324	09910·	10497	11082	11666·	12250·	12833·	585·
0·95	0·8	13415·	13996·	14577	15157	15735·	16313·	16891	17467·	18043	18617·	577·
·96		19191·	19764·	20337	20908·	21479	22049	22618	23186	23753·	24320	569·
·97		24885·	25450·	26014·	26578	27140·	27702	28262·	28822·	29381·	29940	561
·98		30497·	31054	31609·	32164·	32719	33272	33824·	34376	34927	35477	552·
·99		36026	36574	37121·	37668	38214	38759	39303	39846	40388·	40930	544·
1·00	0·8	41471	42011	42550	43088	43625·	44162	44697·	45232·	45766·	46299·	536

ψ	cos ψ	0	1	2	3	4	5	6	7	8	9	Δ
1·00	0·5	40302·	39460·	38618·	37775·	36932	36088·	35243·	34398·	33553	32707	844
·01		31860·	31013·	30166	29318	28469	27620	26770	25920	25069	24218	849·
·02		23366	22513·	21660·	20807·	19953·	19099	18244	17388·	16532·	15676	854·
·03		14819	13961·	13103	12244·	11385·	10526	09665·	08805	07944	07082·	860
·04		06220	05357·	04494·	03630·	02766·	01902	01036·	00171	$\bar{9}9305$	$\bar{9}8438$	865
1·05	0·4	97571	96703·	95835	94966·	94097·	93227·	92357·	91487	90616	89744	870
·06		88872	87999·	87126·	86253	85379	84504	83629	82753·	81877·	81001	875
·07		80124	79246·	78369	77490·	76611·	75732	74852·	73972	73091	72210	879·
·08		71328·	70446	69563·	68680·	67797	66912·	66028	65143	64257·	63371·	884·
·09		62485·	61598·	60711	59823·	58935	58046·	57157·	56267·	55377·	54487	889
1·10	0·4	53596	52704·	51813	50920·	50027·	49134·	48240·	47346·	46452	45557	893·
·11		44661·	43765·	42869	41972·	41075	40177·	39279	38380·	37481·	36582·	898
·12		35682·	34782	33881·	32980	32078·	31176·	30274	29371	28467·	27564	902
·13		26659·	25755	24850	23944·	23038·	22132·	21225·	20318·	19411	18503	906·
·14		17594·	16685·	15776·	14867	13956·	13046	12135	11224	10312	09400	910·
1·15	0·4	08487·	07574·	06661	05747·	04833	03918·	03003·	02088	01172·	00256	915
·16	0·3	99339·	98422·	97505	96587·	95669	94750·	93831·	92912	91992·	91072·	919
·17		90151·	89230·	88309·	87388	86465·	85543	84620	83697	82773·	81849·	922·
·18		80925	80000	79075	78149·	77223·	76297	75370·	74443·	73516	72588	926·
·19		71660	70731·	69802·	68873	67943·	67013·	66083	65152·	64221	63289·	930
1·20	0·3	62358	61425·	60493	59560	58627	57693	56759	55824·	54890	53955	934
·21		53019·	52083·	51147·	50211	49274	48337	47399·	46461·	45523·	44584·	937·
·22		43645·	42706·	41767	40827	39886·	38946	38005	37063·	36122	35180	940·
·23		34237·	33295	32352	31409	30465	29521	28577	27632	26687	25742	944
·24		24796·	23850·	22904	21957·	21010·	20063·	19116	18168	17219·	16271	947·
1·25	0·3	15322·	14373	13424	12474	11524	10573·	09623	08672	07720·	06769	950·
·26		05817	04864·	03912	02959·	02006	01052·	00099	$\bar{9}9145$	$\bar{9}8190$·	$\bar{9}7236$	953·
·27	0·2	96281	95325·	94370	93414·	92458	91501·	90545	89588	88630·	87673	956·
·28		86715	85757	84798·	83840	82881	81921·	80962	80002	79042	78081·	959·
·29		77121	76160	75198·	74237	73275·	72313·	71351	70388·	69425·	68462·	962
1·30	0·2	67499	66535	65571	64607	63642·	62678	61712·	60747·	59782	58816	965
·31		57850	56883·	55917	54950·	53983	53016	52048·	51080·	50112·	49144	967·
·32		48175·	47206·	46237·	45268	44298·	43328·	42358·	41388·	40418	39447	970
·33		38476	37504·	36533	35561·	34589·	33617·	32645	31672	30699·	29726	972·
·34		28753	27779	26805·	25831·	24857	23882·	22908	21933	20957·	19982·	974·
1·35	0·2	19006·	18031	17055	16078·	15102	14125·	13148·	12171·	11194	10216·	976·
·36		09238·	08260·	07282·	06304	05325·	04346·	03367·	02388·	01409	00429·	979
·37	0·1	99449·	98469·	97489·	96509	95528·	94547·	93566·	92585·	91604	90622·	981
·38		89641	88659	87676·	86694·	85712	84729	83746·	82763	81780	80796·	983
·39		79813	78829	77845	76861	75877	74892·	73907·	72922·	71937·	70952·	984·
1·40	0·1	69967	68981·	67996	67010	66024	65038	64051·	63065	62078	61091·	986·
·41		60104·	59117	58130	57142·	56154·	55167	54179	53191	52202·	51214	988
·42		50225·	49236·	48248	47259	46269·	45280·	44291	43301·	42311·	41321·	989·
·43		40331·	39341·	38351	37360·	36370	35379·	34388·	33397·	32406·	31415	991
·44		30423·	29432	28440·	27448·	26457	25465	24472·	23480·	22488	21495·	992
1·45	0·1	20503	19510	18517	17524	16531	15537·	14544·	13551	12557·	11563·	993·
·46		10570	09576	08582	07587·	06593·	05599	04604·	03610	02615·	01620·	994·
·47		00625·	$\bar{9}9631$	$\bar{9}8635$·	$\bar{9}7640$·	$\bar{9}6645$·	$\bar{9}5650$	$\bar{9}4654$·	$\bar{9}3659$	$\bar{9}2663$	$\bar{9}1667$·	995·
·48	0·0	90671·	89675·	88679·	87683·	86687·	85691	84695	83698·	82701·	81705	996·
·49		80708·	79711·	78715	77718	76721	75724	74726·	73729·	72732	71734·	997
1·50	0·0	70737	69739·	68742	67744·	66746·	65749	64751	63753	62755	61757	998

ψ	sin ψ 0	1	2	3	4	5	6	7	8	9	Δ
1·00	0·8 41471	42011	42550	43088	43625·	44162	44697·	45232·	45766·	46299·	536
·01	46832	47363·	47894	48423·	48952·	49480·	50007·	50534	51059·	51584·	527
·02	52108	52631	53153	53674·	54194·	54714	55233	55750·	56267·	56783·	519
·03	57299	57813·	58327	58839·	59351·	59862·	60372·	60881·	61390	61897·	510
·04	62404	62910	63415	63919	64422	64924·	65426	65926·	66426·	66925·	502
1·05	0·8 67423	67920·	68416·	68912	69406·	69900	70393	70885	71376	71866	492
·06	72355·	72844	73331·	73818	74304	74789	75273	75756	76238·	76720	484
·07	77200·	77680	78159	78637	79114	79590	80065·	80540	81013·	81486	475
·08	81958	82428·	82898·	83368	83836	84303·	84770	85235·	85700	86164	467
·09	86627	87089	87550	88010·	88470	88928·	89386	89842·	90298·	90753·	458
1·10	0·8 91207·	91660·	92112·	92564	93014·	93464	93913	94360·	94807·	95253·	449
·11	95698·	96143	96586	97028·	97470	97910·	98350·	98789·	99227	99664	440
·12	0·9 00100·	00535·	00970	01403·	01836	02267·	02698·	03128	03557	03985	431
·13	04412	04838·	05264	05688	06111·	06534	06956	07376·	07796·	08215·	422
·14	08633·	09050·	09467	09882	10296·	10710	11122·	11534·	11945	12355	413
1·15	0·9 12764	13172	13579	13985·	14390·	14795	15198·	15601	16002·	16403·	404
·16	16803	17202	17600	17997	18393	18788·	19182·	19576	19968·	20360	394
·17	20750·	21140	21529	21917	22303·	22689·	23075	23459	23842·	24224·	385
·18	24606	24986·	25366	25744·	26122·	26499	26875	27249·	27624	27997	375
·19	28369	28740	29110·	29479·	29848	30215·	30582	30948	31312·	31676	366
1·20	0·9 32039	32401	32762	33122	33481	33839	34196·	34552·	34908	35262·	358
·21	35616	35968·	36320	36671	37020·	37369·	37717·	38064·	38410·	38755·	348
·22	39099·	39442·	39785	40126	40466·	40806	41144·	41482	41818·	42154	339
·23	42489	42822·	43155·	43487·	43818	44148	44477·	44805·	45132·	45458·	330
·24	45784	46108·	46432	46754·	47076	47396	47716	48034·	48352	48669	319
1·25	0·9 48984·	49299·	49613·	49926·	50238·	50549·	50859·	51168·	51477	51784	310
·26	52090·	52395·	52700	53003·	53306	53607·	53908	54207·	54506·	54804	300
·27	55101	55396·	55691·	55985·	56278·	56570·	56861·	57151·	57440·	57728·	291
·28	58016	58302	58587·	58871·	59155	59437·	59719	59999·	60279	60557·	280
·29	60835	61111·	61387·	61662	61936	62208·	62480·	62751·	63021·	63290	272
1·30	0·9 63558	63825	64091	64356·	64620·	64883·	65145·	65407	65667	65926·	262
·31	66185	66442·	66698·	66954	67208·	67462	67714·	67966	68216·	68466·	252
·32	68715	68962·	69209·	69455	69700	69944	70186·	70428·	70669·	70909·	242
·33	71148·	71386·	71623·	71859·	72094·	72328·	72561·	72794	73025	73255·	233
·34	73484·	73713	73940	74166·	74392	74616	74839·	75062	75283·	75504	223
1·35	0·9 75723·	75942	76159·	76376	76591·	76806·	77020	77232·	77444	77655	214
·36	77864·	78073·	78281	78488	78693·	78898·	79102·	79305·	79507	79708	204
·37	79908	80107	80305	80502	80698	80893	81087	81280	81472·	81663·	194
·38	81853·	82042·	82231	82418	82604	82789·	82973·	83157	83339·	83520·	184
·39	83701	83880	84058·	84236	84412	84587·	84762	84935·	85108	85279	174
1·40	0·9 85449·	85619	85787	85955	86121·	86287	86452	86615·	86778	86939·	165
·41	87100	87259·	87418·	87576	87732·	87888·	88043	88196·	88349·	88501	154
·42	88652	88801·	88950·	89098	89245	89390·	89535·	89679	89822	89964	145
·43	90104·	90244·	90383·	90521	90658	90794	90928·	91062·	91195·	91327·	136
·44	91458·	91588·	91717	91845	91972	92098	92223	92347	92470	92592	125
1·45	0·9 92713	92833	92952	93070	93187	93303	93418	93532	93645	93757·	115
·46	93868·	93978·	94087·	94195·	94302·	94409	94514	94618	94721	94823	105
·47	94924·	95024·	95123·	95221·	95319	95415	95510	95604·	95697·	95789	95
·48	95881	95971	96060	96148·	96235·	96322	96407	96491	96574·	96656·	85
·49	96738	96818	96897	96975·	97052·	97129	97204	97278·	97351·	97423·	76
1·50	0·9 97495	97565	97634·	97702·	97770	97836	97901·	97965·	98029	98091	66

ψ	cos ψ	0	1	2	3	4	5	6	7	8	9	Δ
1·50	0·0	70737	69739·	68742	67744·	66746·	65749	64751	63753	62755	61757	998
·51		60759	59760·	58762·	57764	56765·	55767·	54769	53770·	52771·	51773	998
·52		50774·	49775·	48777	47778	46779	45780·	44781·	43782·	42783	41784	998·
·53		40785	39785·	38786·	37787	36788	35788·	34789·	33790	32790·	31791	999
·54		30791·	29792	28792·	27792·	26793	25793·	24794	23794	22794·	21794·	999·
1·55	0·0	20795	19795	18795	17795·	16795·	15795·	14795·	13796	12796	11796	999·
·56		10796	09796	08796	07796	06796·	05796	04796·	03796·	02796·	01796·	1000
·57		00796·	0̄0203·	0̄1203·	0̄2203·	0̄3203·	0̄4203·	0̄5203·	0̄6203·	0̄7203·	0̄8203·	1000
·58	÷0·0	09203·	10203·	11203·	12203·	13203·	14203	15203	16203	17203	18202·	1000
·59		19202·	20202·	21202	22202	23201·	24201·	25201	26200·	27200·	28200	1000
1·60	0·0	29199·	30199	31198·	32198	33197·	34197	35196·	36195·	37195	38194·	999·

ψ	e^{ψ}	0	1	2	3	4	5	6	7	8	9	Δ
8·00	29	80·958	83·940·	86·926	89·914·	92·905·	95·900	98·897·	0̄1·898	0̄4·901·	0̄7·907·	2996
·01	30	10·917	13·929·	16·945	19·963·	22·985	26·009·	29·037	32·067·	35·101	38·137·	3026
·02		41·177·	44·220	47·266	50·314·	53·366·	56·421·	59·479·	62·540·	65·604·	68·671·	3056·
·03		71·741·	74·815	77·891·	80·970·	84·053·	87·139	90·227·	93·319·	96·414	99·512	3087
·04	31	02·613	05·717·	08·824·	11·935	15·048·	18·165	21·285	24·407	27·533·	30·662·	3118
8·05	31	33·795	36·930·	40·069	43·210·	46·355·	49·503	52·654·	55·808·	58·966	62·126·	3149·
·06		65·290	68·457	71·627	74·800·	77·976·	81·156	84·339	87·525	90·714	93·906·	3181
·07		97·102	0̄0·300·	0̄3·502·	0̄6·707·	0̄9·916	1̄3·127·	1̄6·342	1̄9·560	2̄2·781	2̄6·005·	3213
·08	32	29·233	32·464	35·698	38·935·	42·176	45·420	48·667	51·917	55·170·	58·427·	3245·
·09		61·687·	64·951	68·217·	71·487·	74·760·	78·037	81·316·	84·599·	87·885·	91·175·	3278
8·10	32	94·468	97·764	0̄1·063·	0̄4·366·	0̄7·672·	1̄0·981·	1̄4·294·	1̄7·610·	2̄0·929·	2̄4·252	3311
·11	33	27·578	30·907·	34·240	37·576	40·915	44·257·	47·603·	50·953	54·305·	57·661·	3344
·12		61·020·	64·383·	67·749·	71·119	74·491·	77·868	81·247·	84·630·	88·017	91·406·	3378
·13		94·799·	98·196	0̄1·596	0̄4·999·	0̄8·406	1̄1·816	1̄5·229·	1̄8·646·	2̄2·067	2̄5·490·	3412
·14	34	28·918	32·348·	35·782·	39·220	42·661	46·105·	49·553	53·004·	56·459·	59·917·	3445
8·15	34	63·379	66·844	70·313	73·785	77·260·	80·739·	84·222	87·708	91·197	94·690	3480·
·16		98·186·	0̄1·686·	0̄5·190	0̄8·697	1̄2·207·	1̄5·721·	19·239	2̄2·760	2̄6·284·	2̄9·812·	3515·
·17	35	33·344	36·879	40·417·	43·960	47·505·	51·055	54·608	58·164	61·724	65·287·	3551
·18		68·854·	72·425·	75·999·	79·577·	83·158·	86·743·	90·332	93·924·	97·520	0̄1·119·	3586·
·19	36	04·722·	08·329	11·939	15·552·	19·170	22·791	26·415·	30·044	33·675·	37·311	3622·
8·20	36	40·950·	44·593	48·239·	51·889·	55·543·	59·200·	62·861·	66·526·	70·194·	73·867	3659
·21		77·542·	81·222	84·905	88·591·	92·282	95·976	99·674	0̄3·375·	0̄7·081	1̄0·789·	3696
·22	37	14·502·	18·218·	21·939	25·662·	29·390	33·121·	36·856·	40·595	44·337·	48·084	3713
·23		51·834	55·587·	59·345	63·106	66·871	70·640	74·412·	78·188·	81·969	85·752·	3752
·24		89·540·	93·331·	97·127	0̄0·926	0̄4·729	0̄8·535·	1̄2·346	1̄6·160	1̄9·978	2̄3·800	3808·
8·25	38	27·626	31·455·	35·288·	39·126	42·967	46·812	50·660·	54·513	58·369·	62·230	3846·
·26		66·094	69·962	73·834	77·710	81·589·	85·473	89·360·	93·251·	97·147	0̄1·046	3885·
·27	39	04·949	08·856	12·766·	16·681·	20·600	24·522·	28·449	32·379·	36·314	40·252	3924·
·28		44·194·	48·140·	52·090·	56·044·	60·003	63·964·	67·930·	71·900·	75·874·	79·852·	3963·
·29		83·834	87·820	91·810	95·803·	99·801·	0̄3·803	0̄7·809	1̄1·819	1̄5·832·	1̄9·850·	4004
8·30	40	23·872·	27·898·	31·928	35·962	40·000	44·042	48·088	52·138·	56·192·	60·250·	4045
·31		64·313	68·379·	72·449·	76·524	80·603	84·685·	88·772	92·863	96·958	0̄1·057	4084·
·32	41	05·160	09·267	13·378·	17·494	21·613·	25·737	29·865	33·997	38·133	42·273	4125·
·33		46·417·	50·566	54·718·	58·875·	63·036·	67·201·	71·371	75·544·	79·722	83·903·	4167
·34		88·089·	92·280	96·474·	0̄0·673	0̄4·875·	0̄9·082·	1̄3·294	1̄7·509	2̄1·729	2̄5·952·	4209
8·35	42	30·180·	34·413	38·649·	42·890·	47·135·	51·384·	55·638	59·896	64·158	68·424	4251·
·36		72·695	76·969·	81·248·	85·532	89·820	94·111·	98·408	0̄2·708·	0̄7·013·	1̄1·322·	4294
·37	43	15·636	19·954	24·276	28·602·	32·933	37·268·	41·607·	45·951·	50·299·	54·652	4337·
·38		59·009	63·370	67·735·	72·105·	76·480	80·858·	85·241·	89·629	94·021	98·417	4381
·39	44	02·817·	07·222·	11·632	16·046	20·464	24·887	29·314	33·745·	38·181·	42·622	4425
8·40	44	47·067	51·516	55·970	60·428	64·890·	69·358	73·829·	78·305·	82·786	87·271	4469·

ψ	sin ψ 0	1	2	3	4	5	6	7	8	9	Δ
1·50	0·9 97495	97565	97634·	97702·	97770	97836	97901·	97965·	98029	98091	66
·51	98152·	98212·	98272	98330	98387·	98443·	98499	98553·	98606·	98659	56·
·52	98710	98760·	98809·	98858	98905·	98951·	98997	99041	99084·	99126·	46
·53	99168	99208·	99247·	99286	99323	99359·	99394·	99429	99462·	99494·	36
·54	99526	99556	99585·	99613·	99641	99667·	99692·	99717	99740	99762·	26
1·55	0·9 99783·	99804	99823·	99841·	99859	99875	99890·	99905	99918	99930·	16
·56	99941·	99952	99961·	99969·	99977	99983	99988·	99993	99996	99998·	6
·57	0·9 99999·	1·00000	9̄9999·	9̄9997·	9̄9995	9̄9991	9̄9986·	9̄9980·	9̄9974	9̄9966·	÷ 4
·58	0·9 99957·	99948	99937·	99925·	99913	99899	99884·	99868·	99852	99834·	14
·59	99815·	99796	99775	99753·	99730·	99707	99682·	99656·	99630	99602·	24·
1·60	0·9 99573·	99544	99513	99481·	99449	99415	99380·	99344·	99308	99270·	34

ψ	e^{ψ} 0	1	2	3	4	5	6	7	8	9	Δ
8·40	44 47·067	51·516	55·970	60·428	64·890·	69·358	73·829·	78·305·	82·786	87·271	4469·
·41	91·760·	96·254·	0̄0·753	0̄5·256	0̄9·763·	1̄4·275·	1̄8·792	2̄3·313	2̄7·838·	3̄2·369	4514·
·42	45 36·903·	41·442·	45·986·	50·534·	55·087·	59·645	64·206·	68·773	73·344·	77·920	4559·
·43	82·500	87·085	91·674·	96·268	0̄0·867	0̄5·470	1̄0·077·	1̄4·690	1̄9·307	2̄3·928·	4605·
·44	46 28·555	33·186	37·821·	42·461·	47·106·	51·755·	56·410	61·068·	65·732	70·400	4651·
8·45	46 75·072·	79·750	84·432	89·119	93·810·	98·506·	0̄3·207·	0̄7·913	1̄2·623	1̄7·338·	4698·
·46	47 22·058	26·782·	31·511·	36·245·	40·984	45·727·	50·475·	55·228·	59·986	64·748·	4745·
·47	69·515·	74·287·	79·064	83·845·	88·631·	93·423	98·218·	0̄3·019	0̄7·824·	1̄2·635	4793·
·48	48 17·450	22·270	27·094·	31·924	36·758·	41·597·	46·441·	51·290·	56·144	61·002·	4841·
·49	65·866	70·734·	75·607·	80·485·	85·368·	90·256·	95·149	0̄0·046·	0̄4·949	0̄9·856·	4890
8·50	49 14·769	19·686	24·608	29·535·	34·467·	39·404	44·346	49·293	54·244·	59·201·	4939·
·51	64·163	69·129·	74·101·	79·078	84·059·	89·046	94·037·	99·034	0̄4·035·	0̄9·042	4989
·52	50 14·054	19·070·	24·092	29·118·	34·150	39·187	44·228·	49·275·	54·327	59·384	5039
·53	64·446	69·513	74·585	79·662	84·744	89·831·	94·924	0̄0·021·	0̄5·124	1̄0·231·	5089·
·54	51 15·344·	20·462·	25·585·	30·713·	35·846·	40·985	46·128·	51·277·	56·431	61·590·	5141
8·55	51 66·754·	71·924	77·098·	82·278	87·463	92·653	97·848	0̄3·048·	0̄8·254	1̄3·465	5192·
·56	52 18·681	23·902·	29·129	34·360·	39·597·	44·840	50·087·	55·340	60·598	65·861·	5245
·57	71·130	76·403·	81·682·	86·967	92·256·	97·551·	0̄2·851·	0̄8·157	1̄3·468	1̄8·784	5297·
·58	53 24·105·	29·432·	34·764·	40·102	45·444·	50·792·	56·146	61·505	66·869	72·238·	5351
·59	77·613·	82·994	88·379·	93·770·	99·167	0̄4·569	0̄9·976·	1̄5·389	2̄0·807	2̄6·230·	5404·
8·60	54 31·659·	37·094	42·534	47·979	53·429·	58·886	64·347·	69·814·	75·287	80·765	5459
·61	86·248·	91·737·	97·232	0̄2·732	0̄8·237·	1̄3·748·	1̄9·265	2̄4·787	3̄0·314·	3̄5·848	5513·
·62	55 41·386·	46·930·	52·480·	58·035·	63·596·	69·162·	74·734·	80·312	85·895·	91·484	5569
·63	97·078·	0̄2·678	0̄8·283·	1̄3·894·	1̄9·511·	2̄5·133·	3̄0·761·	3̄6·395·	4̄2·034·	47·679·	5625
·64	56 53·330	58·986	64·648	70·315·	75·988·	81·667·	87·352	93·042	98·738	0̄4·439·	5681·
8·65	57 10·146·	15·859·	21·578·	27·303	33·033	38·769	44·510·	50·258	56·011	61·770	5739
·66	67·534·	73·305	79·081·	84·863	90·651	96·444·	0̄2·244	0̄8·049	1̄3·860	1̄9·677	5796·
·67	58 25·499·	31·328	37·162	43·002	48·848	54·700	60·557·	66·421	72·290·	78·165·	5854·
·68	84·046·	89·933·	95·826·	0̄1·725	0̄7·630	1̄3·540·	1̄9·457	2̄5·379·	3̄1·308	3̄7·242	5913·
·69	59 43·182·	49·128·	55·080·	61·038·	67·002·	72·972·	78·948·	84·930·	90·918·	96·912·	5973
8·70	60 02·912	08·918	14·930	20·948	26·972	33·002	39·038	45·080	51·128	57·182·	6033
·71	63·242·	69·309	75·381	81·459·	87·544	93·634·	99·731·	0̄5·834	1̄1·943	1̄8·058	6093·
·72	61 24·179	30·306·	36·439·	42·579	48·725	54·876·	61·034·	67·198·	73·369	79·545·	6155
·73	85·728	91·917	98·112	0̄4·313	1̄0·520·	1̄6·734	2̄2·954	2̄9·180	3̄5·412·	41·651	6216·
·74	62 47·895·	54·146·	60·404	66·667·	72·937·	79·213·	85·496	91·784·	98·079·	0̄4·380·	6279
8·75	63 10·688	17·002	23·322	29·648·	35·981·	42·320·	48·666	55·018	61·376	67·740·	6342·
·76	74·111·	80·489	86·872·	93·262·	99·659	0̄6·062	1̄2·471	1̄8·887	2̄5·309	3̄1·737·	6406
·77	64 38·172·	44·614	51·061·	57·516	63·976·	70·444	76·917·	83·398	89·884·	96·377·	6470·
·78	65 02·877	09·383	15·896	22·415	28·941	35·473	42·011·	48·557	55·109	61·667	6535·
·79	68·232	74·803·	81·382	87·966·	94·557·	0̄1·155·	0̄7·760	1̄4·371	2̄0·989	2̄7·613	6601
8·80	66 34·244	40·881·	47·526	54·176·	60·834	67·498·	74·169	80·846·	87·531	94·221·	6667·

ψ	θψ	0	1	2	3	4	5	6	7	8	9	Δ
8·80	6	634·244	640·881·	647·526	654·176·	660·834	667·498·	674·169	680·846·	687·531	694·221·	6667·
·81		700·919·	707·623·	714·334·	721·052	727·776·	734·508	741·245·	747·990·	754·741·	761·499·	6734·
·82		768·264·	775·036·	781·814·	788·600	795·392	802·190·	808·996·	815·808·	822·628	829·454	6802
·83		836·287	843·126·	849·973	856·826·	863·686·	870·554	877·428	884·308·	891·196·	898·091	6870·
·84		904·992·	911·901	918·816·	925·738·	932·668	939·604	946·547	953·497	960·454	967·418	6939·
8·85	6	974·389	981·367	988·351·	995·343·	0̄02·342·	0̄09·348	0̄16·361	0̄23·381	0̄30·408	0̄37·442	7009·
·86	7	044·482·	051·531	058·586	065·648	072·717	079·793·	086·876·	093·967	101·064·	108·169	7078
·87		115·281	122·400	129·526	136·659	143·799	150·946·	158·101	165·262·	172·431·	179·607·	7151
·88		186·790·	193·981	201·178·	208·383·	215·595·	222·814·	230·041	237·275	244·515·	251·764	7223
·89		259·019	266·282	273·551·	280·829	288·113·	295·405	302·704	310·010·	217·324	324·645	7295·
8·90	7	331·973·	339·309	346·652	354·002·	361·360	368·725	376·097·	383·477·	390·864·	398·259	7368·
·91		405·661	413·070·	420·487	427·911·	435·343	442·782	450·228·	457·682·	465·144	472·613	7443
·92		480·089	487·573	494·064·	502·563	510·069·	517·583·	525·104·	532·633·	540·170	547·714	7517·
·93		555·265·	562·824·	570·391	577·965	585·547	593·136·	600·733	608·338	615·950	623·569·	7593
·94		631·197	638·832	646·474·	654·125	661·783	669·448·	677·122	684·803	692·491·	700·188	7669·
8·95	7	707·892	715·603·	723·323	731·050·	738·785	746·528	754·278	762·036·	769·802·	777·576	7746·
·96		785·357·	793·146·	800·944	808·748·	816·561	824·381·	832·210	840·046	847·890	855·742	7824·
·97		863·601·	871·469	879·344·	887·228	895·119	903·018	910·925	918·840	926·762·	934·693·	7903
·98		942·632	950·578·	958·533·	966·496	974·466·	982·444·	990·431	998·425·	0̄06·428	0̄14·438·	7982·
·99	8	022·457	030·483·	038·518	046·560·	054·611	062·669·	070·736·	078·811	086·894	094·985	8062·
9·00	8	103·084	111·191	119·306·	127·429·	135·561	143·701	151·848·	160·004·	168·168·	176·341	8143·
·01		184·521·	192·710	200·906·	209·111·	217·325	225·546·	233·776	242·014	250·260	258·514·	8225·
·02		266·777	275·048	283·327	291·614·	299·910·	308·214·	316·527	324·847·	333·176·	341·514	8308
·03		349·859·	358·213·	366·576	374·947	383·326	391·713·	400·109·	408·513·	416·926·	425·347·	8391·
·04		433·777	442·215	450·661·	459·116·	467·579·	476·051·	484·532	493·020·	501·518	510·023·	8476
9·05	8	518·538	527·060·	535·592	544·132	552·680·	561·237·	569·803	578·377	586·959·	595·551	8561
·06		604·150·	612·759	621·376	630·002	638·636	647·279	655·930·	664·591	673·260	681·937·	8647·
·07		690·624	699·319	708·022·	716·735	725·456	734·185·	742·924·	751·671·	760·427·	769·192·	8734
·08		777·966	786·748·	795·539·	804·339·	813·148	821·966	830·792	839·627·	848·471·	857·324·	8822
·09		866·186	875·056·	883·936	892·824·	901·722	910·628	919·543	928·467	937·400	946·342	8910·
9·10	8	955·292·	964·252·	973·221	982·199	991·185·	0̄00·181·	0̄09·186	0̄18·199·	0̄27·222·	0̄36·254	9000
·11	9	045·295	054·344·	063·403·	072·471·	081·548·	090·634·	099·730	108·834	117·947·	127·070	9090·
·12		136·201·	145·342·	154·492·	163·651	172·819·	181·997	191·183·	200·379·	209·584·	218·798·	9182
·13		228·022	237·254·	246·496·	255·747·	265·008	274·277·	283·556·	292·844·	302·142	311·449	9274·
·14		320·765	330·090·	339·425·	348·769·	358·123	367·485·	376·858	386·239·	395·630·	405·030·	9367·
9·15	9	414·440·	423·859·	433·288	442·726	452·173·	461·630·	471·097	480·572·	490·058	499·553	9461·
·16		509·057	518·571	528·094	537·627	547·169·	556·721·	566·283	575·854	585·434·	595·025	9556·
·17		604·624·	614·234	623·853	633·482	643·120	652·768	662·425·	672·093	681·770	691·456·	9653
·18		701·153	710·859	720·574·	730·300	740·035	749·780	759·534·	769·299	779·073·	788·857	9750
·19		798·651	808·454·	818·268	828·091	837·924	847·767	857·619·	867·482	877·354·	887·237	9848
9·20	9	897·129	907·031	916·943	926·865	936·797	946·738·	956·690·	966·652	976·623·	986·605·	9946·
·21		996·597	0̄06·598·	0̄16·610	0̄26·631·	0̄36·663·	0̄46·705	0̄56·756·	0̄66·818·	0̄76·890·	0̄86·972·	10046·
·22	10	097·064·	107·166·	117·278·	127·401	137·533·	147·676	157·829	167·991·	178·165	188·348	10147·
·23		198·541·	208·745	218·959	229·183	239·417·	249·662	259·916·	270·181·	280·457	290·742·	10249·
·24		301·038·	311·344·	321·661	331·988	342·325	352·672·	363·030·	373·399	383·777·	394·166·	10352·
9·25	10	404·565·	414·975·	425·395·	435·826·	446·267·	456·719	467·180·	477·653	488·136	498·629·	10456·
·26		509·133·	519·647·	530·172·	540·708	551·254	561·810·	572·377·	582·955·	593·543·	604·142·	10562
·27		614·752	625·372	636·002·	646·644	657·296	667·958·	678·632	689·316	700·010·	710·716	10668
·28		721·432	732·158·	742·896	753·644·	764·403·	775·173·	785·954	796·745	807·547·	818·360·	10775
·29		829·184	840·018·	850·864	861·720·	872·587·	883·465·	894·354·	905·254·	916·165	927·086·	10883
9·30	10	938·019	948·962·	959·917	970·882·	981·859	992·846·	0̄03·844·	0̄14·854	0̄25·874·	0̄36·905·	10993

ZWEITER TEIL

COSINUS UND SINUS

DER

NATÜRLICHEN, REIN IMAGINÄREN ZAHLEN

(HYPERBELFUNCTIONEN)

ψ	cos i ψ	0	1	2	3	4	5	6	7	8	9	Δ
0·00	1·0	0000	0000	0000	0000·	0001	0001·	0002	0002·	0003	0004	0·
·01		0005	0006	0007	0008·	0010	0011·	0013	0014·	0016	0018	1·
·02		0020	0022	0024	0026·	0029	0031·	0034	0036·	0039	0042	2·
·03		0045	0048	0051	0054·	0058	0061·	0065	0068·	0072	0076	3·
·04		0080	0084	0088	0092·	0097	0101·	0106	0110·	0115	0120	4·
0·05	1·0	0125	0130	0135	0140·	0146	0151·	0157	0162·	0168·	0174	5·
·06		0180	0186	0192·	0198·	0205	0211·	0218	0224·	0231·	0238	6·
·07		0245	0252	0259·	0266·	0274	0281·	0289	0296·	0304·	0312·	7·
·08		0320	0328·	0336·	0344·	0353	0361·	0370	0378·	0387·	0396·	8·
·09		0405·	0414·	0423·	0432·	0442	0451·	0461	0471	0480·	0490·	9·
0·10	1·0	0500·	0510·	0520·	0531	0541·	0551·	0562·	0573	0583·	0594·	10·
·11		0605·	0616·	0628	0639	0650·	0662	0673·	0685·	0697	0709	11·
·12		0721	0733	0745	0757·	0770	0782·	0795	0807·	0820·	0833·	12·
·13		0846	0859·	0872·	0885·	0899	0912·	0926	0940	0953·	0967·	13·
·14		0981·	0995·	1010	1024	1038·	1053	1067·	1082·	1097	1112	14·
0·15	1·0	1127	1142·	1157·	1172·	1188	1203·	1219·	1235	1250·	1266·	15·
·16		1282·	1299	1315	1331·	1348	1364·	1381	1397·	1414·	1431·	16·
·17		1448·	1465·	1483	1500·	1517·	1535·	1553	1570·	1588·	1606·	17·
·18		1624·	1642·	1661	1679	1697·	1716	1735	1753·	1772·	1791·	18·
·19		1810·	1829·	1849	1868	1887·	1907·	1927	1947	1966·	1986·	19·
0·20	1·0	2006·	2027	2047	2067·	2088	2108·	2129·	2150	2171	2192	20·
·21		2213	2234·	2255·	2277	2298·	2320	2342	2363·	2385·	2407·	21·
·22		2430	2452	2474·	2497	2519·	2542	2564·	2587·	2610·	2633·	22·
·23		2656·	2680	2703·	2726·	2750·	2774	2797·	2821·	2845·	2869·	23·
·24		2894	2918	2942·	2967	2991·	3016·	3041	3066	3091	3116	24·
0·25	1·0	3141·	3166·	3192	3217·	3243·	3269	3295	3321	3347	3373	26
·26		3399	3425·	3452	3478·	3505	3531·	3558·	3585·	3613	3640	27
·27		3667	3694·	3722	3749·	3777	3805	3833	3861	3889	3917·	28
·28		3945·	3974	4002·	4031·	4060	4089	4118	4147	4176	4205·	29
·29		4234·	4264	4293·	4323·	4353	4383	4413	4443	4473·	4503·	30
0·30	1·0	4534	4564·	4595	4625·	4656·	4687·	4718·	4749·	4781	4812	31
·31		4843·	4875	4907	4938·	4970·	5002·	5034·	5066·	5099	5131·	32
·32		5164	5196·	5229	5262	5295	5328	5361	5394·	5427·	5461	33
·33		5494·	5528·	5562	5596	5630	5664	5698	5732·	5767	5801·	34
·34		5836	5870·	5905·	5940·	5975·	6010·	6045·	6081	6116·	6152	35
0·35	1·0	6188	6223·	6259·	6295·	6331·	6368	6404	6440·	6477	6513·	36·
·36		6550·	6587	6624	6661	6698	6735·	6772·	6810·	6848	6885·	37·
·37		6923·	6961·	6999·	7037·	7075·	7114	7152·	7191	7229·	7268·	38·
·38		7307·	7346·	7385·	7424·	7463·	7503	7543	7582·	7622	7662	39·
·39		7702	7742	7782	7822·	7862·	7903	7943·	7984·	8025·	8066	40·
0·40	1·0	8107	8148·	8189·	8231	8272·	8314	8355·	8397·	8439·	8481·	41·
·41		8523·	8565·	8608	8650·	8693	8735·	8778·	8821	8864	8907	42·
·42		8950·	8993·	9037	9080·	9124·	9168	9211·	9255·	9300	9344	43·
·43		9388·	9432·	9477	9522	9566·	9611·	9656·	9701·	9746·	9792	45
·44		9837	9882·	9928·	9974	$\bar{0}$020	$\bar{0}$065·	$\bar{0}$112	$\bar{0}$158	$\bar{0}$204	$\bar{0}$250·	46
0·45	1·1	0297	0343·	0390·	0437	0484	0531	0578	0625·	0673	0720·	47
·46		0768	0815·	0863·	0911·	0959·	1007·	1055·	1104	1152·	1201	48·
·47		1250	1298·	1347·	1396·	1445·	1495	1544·	1594	1643·	1693	49·
·48		1743	1793	1843	1893	1943·	1993·	2044	2094·	2145·	2196	50·
·49		2247	2298	2349·	2400·	2452	2503·	2555	2606·	2658·	2710·	51·
0·50	1·1	2762·	2814·	2867	2919·	2972	3024·	3077·	3130	3183	3236	53

ψ	$\frac{1}{i}\sin i\psi$	0	1	2	3	4	5	6	7	8	9	Δ
0·00	0·0	0000	0100	0200	0300	0400	0500	0600	0700	0800	0900	100
·01		1000	1100	1200	1300	1400	1500	1600	1700	1800	1900	100
·02		2000	2100	2200	2300·	2400·	2500·	2600·	2700·	2800·	2900·	100
·03		3000·	3100·	3200·	3300·	3400·	3500·	3601	3701	3801	3901	100
·04		4001	4101	4201·	4301·	4401·	4501·	4601·	4702	4802	4902	100
0·05	0·0	5002	5102	5202·	5302·	5402·	5503	5603	5703	5803·	5903·	100·
·06		6003·	6104	6204	6304	6404·	6504·	6605	6705	6805·	6905·	100·
·07		7005·	7106	7206	7306·	7406·	7507	7607·	7707·	7808	7908	100·
·08		8008·	8109	8209	8309·	8410	8510	8610·	8711	8811·	8912	100·
·09		9012	9112·	9213	9313·	9414	9514·	9615	9715·	9816	9916	100·
0·10	0·1	0016·	0117	0217·	0318	0418·	0519·	0620	0720·	0821	0921·	100·
·11		1022	1123	1223·	1324	1424·	1525·	1626	1726·	1827·	1928	100·
·12		2029	2129·	2230·	2331	2431·	2532·	2633·	2734	2835	2936	101
·13		3036·	3137·	3238·	3338·	3440	3541	3642	3743	3844	3945	101
·14		4046	4147	4248	4349	4450	4551	4652	4753	4854	4955	101
0·15	0·1	5056·	5157·	5258·	5360	5461	5562	5663·	5764·	5866	5967	101·
·16		6068·	6169·	6271	6372·	6473·	6575	6676·	6777·	6879	6980·	101·
·17		7082	7183·	7285	7386·	7488	7589·	7691	7792·	7894	7996	101·
·18		8097·	8199	8300·	8402·	8504	8605·	8707·	8809·	8911	9012·	101·
·19		9114·	9216·	9318	9420	9522	9624	9726	9828	9929·	0̄031·	102
0·20	0·2	0133·	0235·	0337·	0439·	0541·	0644	0746	0848	0950·	1052·	102
·21		1154·	1257	1359·	1461·	1563·	1666	1768·	1870·	1973	2075·	102·
·22		2178	2280·	2383	2485·	2588	2690·	2793	2895·	2998	3100·	102·
·23		3203·	3306	3408·	3511·	3614	3717	3819·	3922·	4025·	4128	103
·24		4231	4334	4437	4540	4643	4746	4849	4952	5055	5158	103
0·25	0·2	5261	5364·	5467·	5570·	5674	5777·	5880·	5984	6087	6190·	103·
·26		6294	6397·	6500·	6604	6707·	6811	6915	7018·	7122	7225·	103·
·27		7329	7433	7536·	7640·	7744	7848	7951·	8055·	8159·	8263·	104
·28		8367·	8471·	8575·	8679	8783·	8887·	8991·	9095·	9200	9304	104
·29		9408	9512·	9616·	9721	9825·	9929·	0̄034	0̄138·	0̄243	0̄347·	104·
0·30	0·3	0452	0556·	0661	0766	0870·	0975	1080	1184·	1289·	1394	104·
·31		1499	1603·	1708·	1813·	1918·	2023·	2128·	2233·	2338·	2443·	105
·32		2549	2654	2759·	2864·	2970	3075	3180·	3286	3391·	3496·	105·
·33		3602	3707·	3813·	3919	4024·	4130	4236	4341·	4447·	4553	105·
·34		4659	4764·	4870·	4976·	5082·	5188·	5294·	5400·	5506·	5613	106
0·35	0·3	5719	5825	5931·	6037·	6144	6250·	6356·	6463	6569·	6676	106·
·36		6782·	6889·	6996	7102·	7209	7316	7422·	7529·	7636·	7743	106·
·37		7850	7957	8064	8171	8278	8385	8492	8599·	8706·	8814	107
·38		8921	9028·	9136	9243·	9350·	9458·	9565·	9673·	9781	9888·	107·
·39		9996	0̄104	0̄211·	0̄319·	0̄427·	0̄535	0̄643	0̄751	0̄859	0̄967	108
0·40	0·4	1075	1183·	1291·	1400	1508	1616·	1724·	1833	1941·	2050	108·
·41		2158·	2267	2375·	2484	2593	2701·	2810·	2919	3028	3136·	108·
·42		3245·	3354·	3463·	3573	3682	3791	3900	4009·	4118·	4228	109
·43		4337·	4447	4556·	4666	4775·	4885	4994·	5104	5214	5323·	109·
·44		5433·	5543·	5653·	5763	5873	5983	6093·	6203·	6313·	6424	110
0·45	0·4	6534	6644·	6755	6865	6975·	7086·	7197	7307·	7418	7528·	110·
·46		7639·	7750·	7861	7972	8083	8194	8305	8416	8527	8638·	111
·47		8749·	8861	8972	9083·	9195	9306·	9418	9529·	9641	9753	111·
·48		9864·	9976·	0̄088	0̄200	0̄312	0̄424	0̄536	0̄648	0̄760	0̄872·	112
·49	0·5	0984·	1097	1209	1321·	1434	1546·	1659	1771·	1884	1997	112·
0·50	0·5	2109·	2222·	2335	2448	2561	2674	2787	2900	3013·	3126·	113

ψ	cos i ψ	0	1	2	3	4	5	6	7	8	9	Δ
0·50	1·1	2762·	2814·	2867	2919·	2972	3024·	3077·	3130	3183	3236	53
·51		3289·	3342·	3396	3449·	3503	3557	3611	3665	3719	3773	54
·52		3827·	3881·	3936·	3991	4046	4100·	4155·	4211	4266	4321·	55
·53		4377	4432·	4488	4544	4600	4656	4712	4768·	4824·	4881	56
·54		4938	4994·	5051·	5108·	5165·	5222·	5280	5337	5394·	5452·	57·
0·55	1·1	5510	5568	5626	5684	5742·	5800·	5859	5917·	5976·	6035	58·
·56		6094	6153	6212·	6271·	6331	6390·	6450	6509·	6569·	6629·	59·
·57		6689·	6750	6810	6870·	6931	6991·	7052·	7113·	7174·	7235·	60·
·58		7297	7358	7419·	7481·	7543	7605	7667	7729	7791	7853·	62
·59		7916	7978·	8041	8104	8166·	8229·	8293	8356	8419·	8483	63
0·60	1·1	8546·	8610·	8674	8738	8802	8866·	8930·	8995	9059·	9124·	64·
·61		9189	9254	9319	9384	9449·	9514·	9580·	9646	9711·	9777·	65·
·62		9843·	9909·	9976	0̄042	0̄108·	0̄175·	0̄242	0̄308·	0̄376	0̄443	66·
·63	1·2	0510	0577·	0645	0712·	0780	0848	0916	0984	1052	1120·	68
·64		1188·	1257	1326	1394·	1463·	1532·	1601·	1671	1740	1809·	69
0·65	1·2	1879·	1949	2019	2089	2159	2229·	2299·	2370	2440·	2511·	70·
·66		2582	2653	2724·	2795·	2867	2938·	3010	3081·	3153·	3225	71·
·67		3297·	3369·	3442	3514·	3587	3659·	3732	3805	3878	3951·	72·
·68		4024·	4098	4171·	4245·	4319	4393	4467	4541·	4615·	4690	74
·69		4764·	4839·	4914	4989	5064	5139·	5214·	5290	5365·	5441	75
0·70	1·2	5517	5593	5669	5745	5821·	5897·	5974·	6051	6128	6204·	76·
·71		6282	6359	6436·	6513·	6591·	6669	6747	6824·	6903	6981	78
·72		7059·	7137·	7216·	7295	7374	7452·	7532	7611	7690·	7770	79
·73		7849·	7929·	8009	8089	8169	8249·	8330	8410·	8491	8571·	80·
·74		8652·	8733·	8814·	8896	8977	9058·	9140·	9222	9304	9386	81·
0·75	1·2	9468·	9550·	9633	9715·	9798·	9881	9964	0̄047	0̄130·	0̄213·	83
·76	1·3	0297	0380·	0464·	0548·	0632·	0716·	0800·	0885	0969·	1054	84
·77		1139	1224	1309	1394	1479·	1565	1650·	1736	1822	1908	85·
·78		1994	2080	2166·	2253	2339·	2426·	2513	2600	2687·	2774·	86·
·79		2862	2949·	3037·	3125	3213	3301	3389·	3477·	3566	3654·	88
0·80	1·3	3743·	3832·	3921·	4010·	4099·	4189	4278·	4368·	4458	4548	89·
·81		4638·	4728·	4819	4909·	5000	5090·	5181·	5272·	5364	5455	91
·82		5546·	5638	5730	5821·	5913·	6005·	6098	6190·	6283	6375·	92
·83		6468·	6561·	6654·	6747·	6841	6934·	7028	7122	7215·	7309·	93·
·84		7404	7498	7592·	7687·	7782	7877	7971·	8067	8162	8257·	95
0·85	1·3	8353	8449	8544·	8640·	8736·	8833	8929·	9025·	9122·	9219	96·
·86		9316	9413	9510·	9608	9705·	9803	9900·	9998·	0̄096·	0̄195	98
·87	1·4	0293	0391·	0490	0589	0688	0787	0886	0985·	1085	1184·	99
·88		1284	1384	1484	1584	1684·	1785	1885·	1986·	2087	2188	100·
·89		2289·	2390·	2492	2593·	2695·	2797·	2899	3001·	3103·	3206	102
0·90	1·4	3308·	3411·	3514·	3617·	3720·	3823·	3927	4030·	4134·	4238·	103·
·91		4342·	4446·	4550·	4655	4760	4864·	4969·	5074·	5179·	5285	105
·92		5390·	5496	5602	5707·	5814	5920	6026·	6133	6239·	6346	106·
·93		6453	6560	6667·	6775	6882·	6990	7098	7206	7314	7422	108
·94		7530·	7639	7748	7856·	7965·	8075	8184	8293·	8403	8512·	109
0·95	1·4	8622·	8732·	8842·	8953	9063·	9174	9285	9396	9507	9618	110·
·96		9729·	9841	9952·	0̄064·	0̄176·	0̄288·	0̄401	0̄513	0̄626	0̄738·	112
·97	1·5	0851·	0964·	1077·	1191	1304·	1418	1532	1645·	1760	1874	114
·98		1988·	2103	2217·	2332·	2447·	2562·	2678	2793·	2909	3024·	115·
·99		3140·	3256·	3373	3489·	3606	3722·	3839	3956·	4073·	4190·	117
1·00	1·5	4308	4425·	4543·	4661·	4779·	4897·	5016	5134·	5253	5372	118·

ψ	$\frac{1}{i}$ sin i ψ	0	1	2	3	4	5	6	7	8	9	Δ
0·50	0·5	2109·	2222·	2335	2448	2561	2674	2787	2900	3013·	3126·	113
·51		3240	3353	3466·	3580	3693·	3807	3920·	4034	4148	4261·	113·
·52		4375·	4489	4603	4717	4831	4945	5059·	5173·	5287·	5402	114
·53		5516·	5631	5745·	5859·	5974·	6089	6203·	6318·	6433	6548	114·
·54		6663	6778	6893	7008	7123	7238·	7353·	7469	7584·	7699·	115·
0·55	0·5	7815	7930·	8046·	8162	8277·	8393·	8509·	8625	8741	8857	116
·56		8973	9089·	9205·	9321·	9438	9554·	9670·	9787	9904	0̄020·	116·
·57	0·6	0137	0254	0370·	0487·	0604·	0721·	0838·	0955·	1072·	1189·	117
·58		1307	1424·	1541·	1659	1776·	1894·	2012	2129·	2247·	2365	117·
·59		2483	2601	2719	2837	2955·	3073·	3191·	3310	3428·	3547	118·
0·60	0·6	3665·	3784	3902·	4021·	4140	4259	4378	4496·	4615·	4735	119
·61		4854	4973	5092·	5212	5331	5450·	5570·	5690	5809·	5929·	119·
·62		6049	6169	6289	6409	6529	6649	6769·	6889·	7010	7130·	120
·63		7251	7371·	7492	7612·	7733·	7854·	7975	8096	8217	8338	121
·64		8459·	8580·	8702	8823·	8944	9066	9187·	9309·	9431	9553	121·
0·65	0·6	9675	9796·	9918·	0̄040·	0̄163	0̄285	0̄407·	0̄529·	0̄652	0̄774·	122·
·66	0·7	0897	1019·	1142·	1265	1388	1511	1633·	1757	1880	2003	123
·67		2126·	2249·	2373	2496·	2620	2743·	2867·	2991·	3115	3239	124
·68		3363	3487	3611	3735·	3859·	3984	4108·	4233	4357·	4482·	124·
·69		4607	4732	4856·	4981·	5106·	5231·	5357	5482	5607·	5733	125
0·70	0·7	5858·	5984	6109·	6235·	6361	6487	6613	6739	6865	6991	126
·71		7117·	7243·	7370	7496·	7623	7749·	7876·	8003	8130	8257	127
·72		8384	8511	8638·	8765·	8893	9020·	9148	9275·	9403	9531	127·
·73		9658·	9786·	9914·	0̄042·	0̄170·	0̄299	0̄427	0̄555·	0̄684	0̄812·	128·
·74	0·8	0941	1070	1198·	1327·	1456·	1585·	1714·	1843·	1973	2102·	129
0·75	0·8	2231·	2361	2490·	2620·	2750	2880	3010	3140	3270	3400·	130
·76		3530·	3661	3791	3921·	4052·	4183	4314	4444·	4575·	4706·	131
·77		4837·	4969	5100	5231·	5363	5494·	5626	5757·	5889·	6021·	131·
·78		6153·	6285·	6417·	6549·	6682	6814·	6947	7079·	7212	7345	132·
·79		7477·	7610·	7743·	7876·	8009·	8143	8276·	8410	8543·	8677	133·
0·80	0·8	8810·	8944·	9078·	9212·	9346·	9480·	9614·	9749	9883·	0̄018	134
·81	0·9	0152·	0287	0422	0557	0692	0827	0962	1097	1232·	1368	135
·82		1503·	1639	1774·	1910·	2046·	2182·	2318·	2454·	2591	2727	136
·83		2863·	3000	3136·	3273·	3410	3547	3684	3821	3958	4095·	137
·84		4233	4370·	4508	4645·	4783	4921	5059	5197	5335	5473·	138
0·85	0·9	5611·	5750	5888·	5927	6165·	6304·	6443·	6582·	6721·	6860·	139
·86		7000	7139·	7278·	7418·	7558	7697·	7837·	7977·	8117·	8257·	140
·87		8398	8538·	8679	8819·	8960	9100·	9241·	9382·	9523·	9664·	141
·88		9806	9947	0̄088·	0̄230	0̄372	0̄513·	0̄655·	0̄797·	0̄939·	1̄081·	142
·89	1·0	1223·	1366	1508·	1651	1793·	1936·	2079·	2222·	2365·	2508·	143
0·90	1·0	2651·	2795	2938·	3082	3226	3369·	3513·	3657·	3801·	3945·	144
·91		4090	4234·	4378·	4523·	4668	4813	4958	5103	5248	5393·	145
·92		5538·	5684	5829·	5975·	6121	6267	6413	6559	6705	6851·	146
·93		6998	7144·	7291	7437·	7584·	7731·	7878·	8025·	8173	8320·	147
·94		8467·	8615·	8763	8910·	9058·	9206·	9355	9503	9651·	9800	148
0·95	1·0	9948·	0̄097	0̄246	0̄394·	0̄543·	0̄693	0̄842	0̄991·	1̄141	1̄290	149
·96	1·1	1440	1590	1740	1890	2040	2190·	2340·	2491	2641·	2792·	150·
·97		2943	3094	3245	3396	3547·	3698·	3850	4002	4153·	4305·	151·
·98		4457·	4609·	4761·	4913·	5066	5218·	5371·	5524	5677	5830	152·
·99		5983	6136	6289·	6443	6596·	6750	6904	7057·	7211·	7366	154
1·00	1·1	7520	7674·	7829	7983·	8138	8293	8448	8603	8758·	8913·	155

ψ	cos i ψ	0	1	2	3	4	5	6	7	8	9	Δ
1·00	1·5	4308	4425·	4543·	4661·	4779·	4897·	5016	5134·	5253	5372	118·
·01		5491	5610	5729·	5849	5968·	6088·	6208	6328·	6448·	6569	120
·02		6689·	6810	6931	7052	7173	7294·	7416	7537·	7659·	7781·	121·
·03		7903·	8026	8148·	8271	8393·	8516·	8639·	8763	8886·	9010	123
·04		9133·	9257·	9381·	9505·	9630	9754·	9879	0̄004	0̄129	0̄254	124·
1·05	1·6	0379·	0505	0630·	0756·	0882·	1008·	1134·	1261	1387·	1514·	125
·06		1641·	1768·	1895·	2023	2150·	2278·	2406·	2534·	2662·	2791	128
·07		2919·	3048	3177	3306	3435·	3564·	3694	3823·	3953·	4083·	129·
·08		4214	4344	4474·	4605·	4736	4867	4998·	5129·	5261	5392·	131
·09		5524·	5656·	5788·	5921	6053·	6186	6319	6452	6585	6718·	132·
1·10	1·6	6852	6985·	7119·	7253·	7387·	7522	7656·	7791	7925·	8060·	134·
·11		8196	8331·	8466·	8602·	8738·	8874	9010·	9146·	9283	9420	136
·12		9556·	9693·	9831	9968·	0̄106	0̄243·	0̄381·	0̄519·	0̄657·	0̄796	137·
·13	1·7	0934·	1073	1212	1351	1490·	1629·	1769·	1909	2049	2189	139·
·14		2329·	2470	2610·	2751	2892	3033·	3174·	3316	3457·	3599·	141
1·15	1·7	3741·	3883·	4026	4168·	4311	4454	4597	4740·	4883·	5027·	143
·16		5171	5315	5459	5603·	5747·	5892·	6037	6182	6327	6472·	145
·17		6618	6763·	6909·	7055·	7201·	7348	7494·	7641·	7788·	7935·	146·
·18		8082·	8230	8377·	8525·	8673·	8821·	8970	9118·	9267	9416	148
·19		9565	9714·	9863·	0̄013·	0̄163	0̄313	0̄463·	0̄613·	0̄764	0̄914·	150
1·20	1·8	1065·	1216·	1368	1519·	1671	1822·	1974·	2126·	2279	2431·	152
·21		2584	2737	2890	3043·	3196·	3350	3504	3658	3812	3966·	153·
·22		4121	4275·	4430·	4585·	4740·	4896	5051·	5207·	5363·	5519·	155·
·23		5676	5832·	5989·	6146·	6303·	6461·	6618	6776	6933·	7091·	157·
·24		7250	7408·	7567	7725·	7884·	8044	8203	8362·	8522·	8682·	159
1·25	1·8	8842·	9002·	9163	9324	9484·	9646	9807	9968·	0̄130	0̄292	161
·26	1·9	0454	0616	0778·	0941	1103·	1266·	1429·	1593	1756·	1920·	163
·27		2084	2248·	2412·	2577	2741·	2906·	3071·	3237	3402·	3568	165
·28		3734	3900	4066	4232·	4399	4566	4733	4900	5067·	5235	167
·29		5403	5571	5739	5907·	6076	6244·	6413·	6583	6752	6921·	169
1·30	1·9	7091·	7261·	7431·	7602	7772·	7943	8114	8285	8456·	8628	171
·31		8799·	8971·	9143·	9316	9488·	9661·	9834	0̄007·	0̄180·	0̄354	173
·32	2·0	0528	0701·	0876	1050	1224·	1399·	1574·	1749·	1924·	2100·	175
·33		2276	2452	2628	2804·	2981	3157·	3334·	3512	3689	3866·	176·
·34		4044·	4222·	4400·	4579	4757·	4936·	5115·	5294·	5474	5653·	179
1·35	2·0	5833·	6013·	6193·	6374	6554·	6735·	6916·	7097·	7279	7461	181
·36		7642·	7825	8007	8189·	8372·	8555·	8738·	8921·	9105	9289	183
·37		9473	9657	9841·	0̄026	0̄211	0̄396	0̄581	0̄766·	0̄952	1̄138	185
·38	2·1	1324	1510·	1696·	1883·	2070·	2257·	2445	2632·	2820	3008	187·
·39		3196·	3384·	3573·	3762	3951	4140·	4330	4519·	4709·	4899·	189·
1·40	2·1	5090	5280·	5471	5662	5853·	6044·	6236·	6428	6620	6812·	191·
·41		7005	7197·	7390·	7583·	7777	7970·	8164·	8358·	8552·	8747	194
·42		8941·	9136·	9331·	9527	9722·	9918·	0̄114	0̄310·	0̄507	0̄703·	196
·43	2·2	0900·	1097·	1294·	1492·	1690	1888	2086	2284·	2483·	2682	198
·44		2881	3080·	3280	3479·	3679·	3880	4080·	4281	4482	4683	200·
1·45	2·2	4884	5085·	5287·	5489·	5691·	5894	6097	6299·	6503	6706	202·
·46		6910	7113·	7317·	7522	7726·	7931	8136	8341	8546·	8752	205
·47		8958	9164	9370·	9577	9783·	9990·	0̄198	0̄405·	0̄613	0̄821	206
·48	2·3	1029	1237·	1446	1655	1864	2073·	2283	2492·	2702·	2913	209·
·49		3123·	3334	3545	3756·	3967·	4179·	4391	4603·	4815·	5028	212
1·50	2·3	5241	5454	5667·	5881	6094·	6308·	6522·	6737	6952	7167	214

ψ	$\frac{1}{i}\sin i\psi$	0	1	2	3	4	5	6	7	8	9	Δ
1·00	1·1	7520	7674·	7829	7983	8138	8293	8448	8603	8758·	8913·	155
·01		9069	9224·	9380·	9536	9692	9848	0̄004	0̄160·	0̄317	0̄473·	156
·02	1·2	0630	0786·	0943·	1100·	1257·	1415	1572	1729·	1887·	2045	157·
·03		2203	2361	2519	2677·	2835·	2994	3152·	3311	3470	3629	158·
·04		3788	3947	4106·	4266	4425·	4585·	4745	4905	5065	5225·	160
1·05	1·2	5385·	5546	5706·	5867·	6028	6189	6350·	6511·	6673	6834·	161
·06		6996	7157·	7319·	7481·	7643·	7805·	7968	8130·	8293	8455·	162·
·07		8618·	8781·	8944·	9108	9271·	9434·	9598·	9762	9926	0̄090	163·
·08	1·3	0254	0418·	0583	0747·	0912·	1077	1242	1407	1572	1737·	165
·09		1903	2068·	2234	2400	2566	2732	2898·	3065	3231·	3398	166
1·10	1·3	3564·	3731·	3898·	4066	4233	4400·	4568	4736	4904	5072	167·
·11		5240	5408	5576·	5745	5914	6082·	6251·	6420·	6590	6759	169
·12		6928·	7098·	7268	7438	7608	7778·	7948·	8119	8289·	8460·	170
·13		8631	8802	8973·	9144·	9316	9487·	9659·	9831	0̄003	0̄175	171·
·14	1·4	0347·	0520	0692·	0865	1038	1211	1384	1557	1730·	1904	173
1·15	1·4	2078	2251·	2425·	2599·	2774	2948·	3123	3297·	3472·	3647·	174·
·16		3822·	3997·	4173	4348·	4524	4700	4876	5052	5228·	5405	176
·17		5581·	5758	5935	6112	6289	6466	6643·	6821	6999	7177	177·
·18		7355	7533	7711·	7889·	8068·	8247	8426	8605	8784	8963·	179
·19		9143	9322·	9502·	9682·	9862·	0̄042·	0̄223	0̄403·	0̄584·	0̄765	180·
1·20	1·5	0946	1127·	1308·	1490	1671·	1853·	2035·	2217·	2399·	2582	182
·21		2764·	2947	3130	3313	3496	3679·	3862·	4046·	4230	4414	183·
·22		4598	4782	4966·	5151	5335·	5520·	5705·	5890·	6075·	6261	185
·23		6447	6632·	6818·	7004·	7191	7377	7563·	7750·	7937·	8124·	186·
·24		8311·	8499	8686·	8874	9061·	9249·	9438	9626	9814·	0̄003	188
1·25	1·6	0192	0381	0570	0759	0948·	1138	1328	1518	1708	1898	189·
·26		2088·	2279	2469·	2660·	2851·	3042·	3234	3425·	3617	3809	191
·27		4001	4193	4385·	4578	4770·	4963·	5156·	5349·	5543	5736·	193
·28		5930	6124	6318	6512	6706·	6901	7095·	7290·	7485·	7680·	194·
·29		7876	8071·	8267	8463	8658·	8855	9051·	9248	9444·	9641·	196
1·30	1·6	9838·	0̄035·	0̄232·	0̄430·	0̄628	0̄826	1̄024	1̄222	1̄420·	1̄619	198
·31	1·7	1817·	2016·	2215·	2415	2614·	2814	3013·	3213·	3413·	3614	199·
·32		3814·	4015	4215·	4416·	4618	4819	5020·	5222·	5424	5626	201·
·33		5828·	6030·	6233	6436	6639	6842	7045	7248·	7452	7656	203
·34		7860	8064	8268·	8473	8677·	8882·	9087·	9292·	9498	9703·	205
1·35	1·7	9909·	0̄115	0̄321·	0̄527·	0̄734	0̄940·	1̄147·	1̄354·	1̄561·	1̄768	207
·36	1·8	1976·	2184·	2392·	2600·	2808·	3017	3225·	3434·	3643·	3853	208·
·37		4062	4271·	4481·	4691·	4901·	5112	5322·	5533	5744	5955	210·
·38		6166	6377·	6589	6801	7013	7225	7437·	7650	7862·	8075·	212·
·39		8288·	8502	8715·	8929	9143	9357	9571·	9786	0̄000·	0̄215	214
1·40	1·9	0430	0645·	0861	1076·	1292	1508	1724·	1940·	2157	2373·	216
·41		2590·	2807·	3025	3242·	3460	3678	3896	4114·	4333	4551·	218
·42		4770·	4989·	5208·	5428	5647·	5867·	6087·	6307·	6528	6748·	220
·43		6969·	7190·	7411·	7633	7854·	8076·	8298·	8520·	8743	8965·	222
·44		9188·	9411·	9634·	9858	0̄081·	0̄305·	0̄529·	0̄753·	0̄978	1̄202·	224
1·45	2·0	1427	1652	1877·	2102·	2328·	2554	2780	3006·	3233	3459·	226
·46		3686	3913·	4140·	4368	4595·	4823·	5051·	5279·	5508	5736·	228
·47		5965·	6194·	6424	6653·	6883	7113	7343	7573·	7803·	8034·	230
·48		8265·	8496·	8728	8959·	9191	9423	9655·	9887·	0̄120·	0̄353	232
·49	2·1	0586	0819·	1053	1286·	1520·	1754·	1988·	2223	2458	2692·	234·
1·50	2·1	2928	3163·	3399	3634·	3870·	4107	4343	4580	4816·	5053·	236·

ψ	cos i ψ	0	1	2	3	4	5	6	7	8	9	Δ
1·50	2·3	5241	5454	5667·	5881	6094·	6308·	6522·	6737	6952	7167	214
·51		7382	7597·	7813	8029	8245	8461·	8678	8895	9112	9329·	216·
·52		9547	9764·	9982·	$\bar{0}$201	$\bar{0}$419·	$\bar{0}$638·	$\bar{0}$857·	$\bar{1}$076·	$\bar{1}$296	$\bar{1}$515·	219
·53	2·4	1735·	1956	2176	2397	2618	2839	3060·	3282	3504	3726·	221·
·54		3948·	4171·	4394	4617·	4840·	5064·	5288	5512	5736·	5961	224
1·55	2·4	6186	6411	6636·	6862	7087·	7314	7540	7766·	7993·	8220·	226
·56		8448	8675·	8903·	9131·	9359·	9588	9817	$\bar{0}$046	$\bar{0}$275·	$\bar{0}$505	228·
·57	2·5	0734·	0964·	1195	1425·	1656·	1887·	2118·	2350·	2582	2814	231
·58		3046·	3279	3512	3745	3978·	4212	4445·	4680	4914	5149	233·
·59		5383·	5619	5854	6090	6325·	6562	6798·	7035	7272	7509	236·
1·60	2·5	7746·	7984	8222	8460·	8699	8937·	9176·	9415·	9655	9895	239
·61	2·6	0135	0375·	0615·	0856·	1097·	1339	1580·	1822·	2064·	2307	241·
·62		2549·	2792·	3035·	3279	3522·	3766·	4010·	4255·	4500	4745	244
·63		4990	5235·	5481·	5727·	5974	6220·	6467·	6714·	6962	7209·	246·
·64		7457·	7705·	7954	8203	8452	8701	8950·	9200·	9450·	9701	249·
1·65	2·6	9951·	$\bar{0}$202·	$\bar{0}$453·	$\bar{0}$705	$\bar{0}$956·	$\bar{1}$208·	$\bar{1}$461	$\bar{1}$713·	$\bar{1}$966	$\bar{2}$219	252
·66	2·7	2472·	2726	2980	3234	3488·	3743	3998	4253·	4509	4764·	255
·67		5020·	5277	5533·	5790·	6047·	6305	6562·	6821	7079	7337·	257·
·68		7596·	7855·	8115	8374·	8634·	8895	9155·	9416	9677	9938·	260·
·69	2·8	0200	0462	0724	0986·	1249·	1512·	1775·	2039	2303	2567	263·
1·70	2·8	2831·	3096	3361·	3626·	3892	4158	4424	4690·	4957	5224	266
·71		5491·	5759	6027	6295	6563·	6832	7101	7370	7639·	7909·	268·
·72		8179·	8450	8721	8992	9263	9534·	9806·	$\bar{0}$078·	$\bar{0}$351	$\bar{0}$624	271·
·73	2·9	0897	1170	1444	1717·	1992	2266·	2541	2816·	3091·	3367·	274·
·74		3643	3919·	4196	4472·	4750	5027·	5305	5583	5861·	6140	277·
1·75	2·9	6419	6698	6977·	7257·	7537·	7817·	8098·	8379·	8660·	8942·	280·
·76		9224	9506·	9788·	$\bar{0}$071·	$\bar{0}$354·	$\bar{0}$638	$\bar{0}$921·	$\bar{1}$205·	$\bar{1}$490	$\bar{1}$774·	283·
·77	3·0	2059·	2344·	2630	2915·	3202	3488·	3775	4062	4349	4637	286·
·78		4924·	5213	5501·	5790·	6079·	6369	6658·	6948·	7239	7529·	289·
·79		7820·	8112	8403·	8695·	8987·	9280	9573	9866	$\bar{0}$159·	$\bar{0}$453·	292·
1·80	3·1	0747·	1041·	1336·	1631·	1926·	2222·	2518·	2814·	3111	3408	295·
·81		3705	4002·	4300·	4598·	4897	5195·	5495	5794	6094	6394	299
·82		6694	6995	7296	7597	7898·	8200·	8503	8805·	9108·	9411·	302
·83		9715	$\bar{0}$019	$\bar{0}$323	$\bar{0}$627·	$\bar{0}$932·	$\bar{1}$237·	$\bar{1}$543	$\bar{1}$848·	$\bar{2}$154·	$\bar{2}$461	305
·84	3·2	2768	3075	3382	3690	3998	4306·	4615	4924	5233	5543	308·
1·85	3·2	5853	6163	6473·	6784·	7096	7408·	7719·	8031·	8344·	8657	311·
·86		8970·	9284	9598	9912	$\bar{0}$226·	$\bar{0}$541·	$\bar{0}$857	$\bar{1}$172·	$\bar{1}$488·	$\bar{1}$804·	315
·87	3·3	2121	2438	2755	3072·	3390·	3708·	4027	4346	4665·	4985	319
·88		5304·	5625	5945·	6266·	6587·	6909	7231	7553·	7875·	8198·	321·
·89		8522	8845·	9169·	9494	9818·	$\bar{0}$143·	$\bar{0}$468·	$\bar{0}$794·	$\bar{1}$120·	$\bar{1}$446·	325
1·90	3·4	1773	2100	2427·	2755·	3083·	3411·	3740	4069·	4398·	4728·	328·
·91		5058·	5389	5719·	6050·	6382	6714	7046	7378·	7711·	8044·	332
·92		8378·	8712	9046·	9381	9716	$\bar{0}$051	$\bar{0}$387	$\bar{0}$723	$\bar{1}$059	$\bar{1}$396	335·
·93	3·5	1733	2070·	2408	2746	3084·	3423·	3762·	4102	4442	4782	339
·94		5122·	5463·	5805	6146·	6488·	6831	7173·	7516·	7860	8204	342·
1·95	3·5	8548	8892·	9237·	9582·	9928·	$\bar{0}$274·	$\bar{0}$620·	$\bar{0}$967	$\bar{1}$314	$\bar{1}$661·	346
·96	3·6	2009·	2357·	2706	3055	3404	3753·	4103·	4453·	4804·	5155·	349·
·97		5506·	5858·	6210·	6563	6916	7269	7622·	7976·	8331	8685·	353·
·98		9040·	9396	9752	$\bar{0}$108	$\bar{0}$464·	$\bar{0}$821·	$\bar{1}$178·	$\bar{1}$536·	$\bar{1}$894·	$\bar{2}$252·	357
·99	3·7	2611·	2970·	3330	3690	4050	4411	4772	5133·	5495	5857	360·
2·00	3·7	6219·	6582·	6946	7309·	7673·	8037·	8402·	8767·	9133	9499	364·

ψ	$\frac{1}{i}\sin i\psi$	0	1	2	3	4	5	6	7	8	9	Δ
1·50	2·1	2928	3163·	3399	3634·	3870·	4107	4343	4580	4816·	5053·	236·
·51		5291	5528·	5766	6004	6242·	6480·	6719·	6958	7197	7436·	238·
·52		7675·	7915·	8155·	8395·	8635·	8876	9117	9358	9599	9840·	240·
·53	2·2	0082	0324	0566	0808·	1051	1293·	1536·	1779·	2023	2266·	243
·54		2510·	2754·	2999	3243·	3488	3733	3978	4223·	4469	4715	245
1·55	2·2	4961	5207·	5454	5700·	5947·	6195	6442·	6690	6938	7186	247·
·56		7434·	7683	7931·	8180·	8430	8679·	8929	9179	9429·	9679·	249·
·57		9930·	0̄181	0̄432	0̄683·	0̄935	1̄187	1̄438·	1̄691	1̄943·	2̄196	252
·58	2·3	2449	2702	2955·	3209	3463	3717	3971·	4226	4481	4736	254
·59		4991	5246·	5502·	5758·	6014·	6271	6527·	6784·	7042	7299	256·
1·60	2·3	7557	7814·	8073	8331	8589·	8848·	9107·	9367	9626·	9886	259
·61	2·4	0146	0406·	0667	0927·	1188·	1450	1711·	1973	2235	2497	261·
·62		2759·	3022·	3285	3548·	3811·	4075·	4339	4603·	4867·	5132·	263·
·63		5397·	5662·	5928	6193·	6459·	6725·	6991·	7258	7525	7792	266
·64		8059·	8327	8595	8863	9131·	9400	9668·	9937·	0̄207	0̄476·	268·
1·65	2·5	0746·	1016·	1287	1557·	1828·	2099·	2370·	2642·	2914	3186·	271·
·66		3458·	3731·	4004	4277	4550·	4824	5098	5372	5646·	5921	273·
·67		6196	6471	6746·	7022·	7298	7574·	7850·	8127·	8404·	8681·	276·
·68		8959	9237	9515	9793	0̄071·	0̄350·	0̄629·	0̄908·	1̄188	1̄468	279
·69	2·6	1748	2028·	2309	2590	2871	3152·	3434	3716	3998	4280·	281·
1·70	2·6	4563	4846	5129·	5413	5696·	5980·	6265	6549·	6834·	7119·	284
·71		7405	7690·	7976·	8262·	8549	8835·	9122·	9409·	9697·	9985	287
·72	2·7	0273	0561·	0850	1139	1428	1717·	2007	2297	2587	2877·	289·
·73		3168·	3459·	3750·	4042·	4334·	4626·	4919	5211·	5504·	5797·	292
·74		6091	6385	6679	6973·	7268	7563	7858	8153·	8449	8745	295
1·75	2·7	9041·	9338	9635	9932	0̄229·	0̄527	0̄825	1̄123	1̄421·	1̄720·	298
·76	2·8	2019·	2319	2618·	2918·	3219	3519·	3820	4121	4422·	4724	300·
·77		5026	5328	5630·	5933·	6236·	6540	6843·	7147·	7451·	7756	303·
·78		8061	8366	8671·	8977	9283	9589	9895·	0̄202·	0̄509	0̄817	306·
·79	2·9	1124·	1432·	1741	2049·	2358·	2667·	2976·	3286·	3596·	3907	309
1·80	2·9	4217·	4528·	4839·	5151	5463	5775	6087·	6400	6713	7026	312
·81		7339·	7653·	7967·	8282	8597	8912	9227·	9543	9859	0̄175	315
·82	3·0	0491·	0808·	1125·	1443	1761	2079	2397·	2716	3035	3354	318·
·83		3673·	3993·	4313·	4634	4955	5276	5597·	5919	6241	6563·	321
·84		6886	7209	7532	7855·	8179·	8503·	8828	9153	9478	9803·	324·
1·85	3·1	0129	0455	0781·	1108	1435	1762·	2090	2417·	2746	3074·	327·
·86		3403	3732·	4062	4391·	4721·	5052	5382·	5713·	6045	6376·	330·
·87		6708·	7041	7373·	7706·	8039·	8373	8707	9041·	9375·	9710·	333·
·88	3·2	0045·	0381	0717	1053	1389·	1726	2063·	2400·	2738·	3076·	336·
·89		3415	3753·	4092·	4432	4771·	5111·	5452	5792·	6133·	6474·	340
1·90	3·2	6816·	7158·	7500·	7843	8186	8529·	8873	9216·	9561	9905·	343·
·91	3·3	0250·	0595·	0941	1287	1633·	1980	2326·	2674	3021·	3369·	346·
·92		3717·	4066	4415	4764·	5114	5463·	5814	6164·	6515·	6866·	350
·93		7218	7570	7922·	8275	8627·	8981	9334·	9688·	0̄043	0̄397·	353·
·94	3·4	0752·	1108	1463·	1819·	2175·	2532·	2889	3246·	3604·	3962·	357
1·95	3·4	4320·	4679·	5038·	5398	5757·	6117·	6478	6839	7200	7561·	360·
·96		7923·	8285·	8648	9011	9374·	9738	0̄102	0̄466	0̄830·	1̄195·	363·
·97	3·5	1561	1926·	2292·	2659	3026	3393	3760·	4128	4496·	4865	367
·98		5233·	5603	5972·	6342·	6712·	7083·	7454·	7825·	8197·	8569·	371
·99		8942	9314·	9688	0̄061·	0̄435	0̄809·	1̄184	1̄559	1̄934·	2̄310	374·
2·00	3·6	2686	3062·	3439	3816·	4194	4571·	4950	5328·	5707·	6086·	378

ψ	cos i ψ	0	1	2	3	4	5	6	7	8	9	Δ
2·00	3·	7622	7658·	7694·	7731	7767·	7803·	7840·	7876·	7913·	7950	36·
·01		7986·	8023	8060	8096·	8133·	8170·	8207	8244	8281	8318	37
·02		8355	8392	8429	8466	8503·	8540·	8577·	8615	8652·	8689·	37·
·03		8727	8764·	8802	8839·	8877	8914·	8952·	8990	9027·	9065·	37·
·04		9103	9141	9179	9217	9254·	9292·	9330·	9369	9407	9445	38
2·05	3·	9483	9521·	9559·	9598	9636·	9674·	9713	9751·	9790	9828·	38·
·06		9867	9905·	9944·	9983	0022	0060·	0099·	0138	0177	0216	39
·07	4·	0255	0294	0333	0372	0411·	0450·	0489·	0529	0568·	0607·	39
·08		0647	0686·	0726	0765·	0805	0844·	0884	0924	0963·	1003	39·
·09		1043	1083	1122·	1162·	1202·	1242·	1282·	1322·	1362·	1403	40
2·10	4·	1443	1483·	1523·	1564	1604·	1644·	1685	1725·	1766	1806·	40·
·11		1847·	1888	1928·	1969·	2010·	2051	2092	2133	2174	2215	41
·12		2256	2297	2338	2379	2420·	2461·	2503	2544·	2585·	2627	41·
·13		2668·	2710	2751·	2793	2835	2876·	2918	2960	3001·	3043·	41·
·14		3085·	3127·	3169·	3211·	3253·	3295·	3337·	3380	3422	3464·	42
2·15	4·	3506·	3549	3591·	3634	3676·	3719	3761·	3804	3847	3889·	42·
·16		3932·	3975	4018	4061	4103·	4146·	4189·	4233	4276	4319	43
·17		4362·	4405·	4449	4492	4535·	4579	4622·	4666	4709·	4753	43·
·18		4796·	4840·	4884	4928	4971·	5015·	5059·	5103·	5147·	5191·	44
·19		5235·	5279·	5324	5368	5412·	5457	5501	5545·	5590	5634·	44·
2·20	4·	5679	5723·	5768·	5813	5857·	5902·	5947·	5992·	6037	6082	45
·21		6127	6172	6217·	6262·	6307·	6353	6398	6443·	6489	6534·	45·
·22		6579·	6625	6671	6716·	6762	6807·	6853·	6899·	6945	6991	45·
·23		7037	7083	7129	7175	7221·	7267·	7313·	7360	7406	7452·	46·
·24		7499	7545·	7592	7638·	7685	7731·	7778·	7825	7872	7919	46·
2·25	4·	7965·	8012·	8059·	8106·	8153·	8201	8248	8295	8342·	8390	47
·26		8437	8484·	8532	8579·	8627	8675	8722·	8770	8818	8865·	47·
·27		8913·	8961·	9009·	9057·	9105·	9153·	9201·	9250	9298	9346·	48
·28		9395	9443	9491·	9540	9588·	9637·	9686	9734·	9783·	9832	48·
·29		9881	9930	9979	0028	0077	0126	0175	0224·	0273·	0323	49
2·30	5·	0372	0421·	0471	0520·	0570	0619·	0669·	0719	0768·	0818·	49·
·31		0868·	0918·	0968·	1018·	1068·	1118·	1168·	1218·	1269	1319·	50
·32		1369·	1420	1470·	1521	1571·	1622·	1673	1723·	1774·	1825·	50·
·33		1876	1927	1978	2029	2080·	2131·	2182·	2234	2285	2336·	51
·34		2388	2439·	2491	2542·	2594	2645·	2697·	2749	2801	2853	51·
2·35	5·	2904·	2956·	3008·	3060·	3113	3165	3217·	3269·	3322	3374·	52·
·36		3427	3479·	3532	3584·	3637·	3690	3742·	3795·	3848·	3901·	52·
·37		3954·	4007·	4060·	4113·	4167	4220·	4273·	4327	4380·	4434	53·
·38		4487·	4541	4594·	4648	4702	4756	4809·	4863·	4917·	4971·	54
·39		5025·	5079·	5134	5188	5242·	5297	5351·	5405·	5460·	5515	54·
2·40	5·	5569·	5624	5679	5733·	5788·	5843·	5898·	5953·	6008·	6063·	55
·41		6119	6174	6229·	6285	6340·	6395·	6451·	6507	6562·	6618	55·
·42		6674	6729·	6785·	6841·	6897·	6953·	7009·	7066	7122	7178·	56
·43		7234·	7291	7347·	7404	7460·	7517	7574	7630·	7687·	7744	56·
·44		7801	7858	7915	7972	8029	8086·	8143·	8201	8258·	8315·	57
2·45	5·	8373	8430·	8488·	8546	8603·	8661·	8719·	8777	8835	8893	58
·46		8951	9009·	9067·	9125·	9184	9242·	9301	9359·	9418	9476·	58·
·47		9535	9594	9652·	9711·	9770·	9829·	9888·	9947·	0006·	0065·	59
·48	6·	0125	0184·	0243·	0303	0362·	0422	0482	0541·	0601	0661	59·
·49		0721	0781	0841	0901	0961	1021	1081·	1141·	1202	1262·	60·
2·50	6·	1323	1383·	1444	1504·	1565·	1626	1687	1748	1809	1870	61

ψ	$\frac{1}{i}$ sin i ψ	0	1	2	3	4	5	6	7	8	9	Δ
2·00	3·	6268·	6306·	6344	6381·	6419·	6457	6495	6533	6570·	6608·	38
·01		6646·	6684·	6722·	6760·	6799	6837	6875	6913·	6951·	6990	38·
·02		7028·	7066·	7105	7143·	7182	7220·	7259	7297·	7336·	7375	38·
·03		7414	7452·	7491·	7530	7569	7608	7647	7685·	7725	7764	39
·04		7803	7842	7881	7920·	7959·	7999	8038	8077·	8117	8156·	39·
2·05	3·	8196	8235·	8275	8314·	8354	8393·	8433·	8473	8513	8552·	39·
·06		8592·	8632·	8672·	8712·	8752·	8792·	8832·	8872·	8913	8953	40
·07		8993	9033·	9074	9114	9154·	9195	9235·	9276	9316·	9357	40·
·08		9397·	9438·	9479	9520	9560·	9601·	9642·	9683	9724	9765	41
·09		9806	9847	9888·	9929·	9970·	0̄012	0̄053	0̄094·	0̄136	0̄177	41·
2·10	4·	0218·	0260	0301·	0343	0384·	0426·	0468	0509·	0551·	0593	41·
·11		0635	0677	0719	0760·	0802·	0844·	0887	0929	0971	1013·	42
·12		1055·	1097·	1140	1182·	1225	1267·	1310	1352·	1395	1437·	42·
·13		1480	1523	1565·	1608·	1651	1694	1737	1780	1823	1866	43
·14		1909	1952	1995	2038·	2081·	2125	2168	2211·	2255	2298·	43·
2·15	4·	2342	2385·	2429	2472·	2516·	2560	2603·	2647·	2691·	2735	43·
·16		2779	2823	2867	2911	2955·	2999·	3043·	3087·	3132	3176	44
·17		3220·	3265	3309·	3354	3398·	3443	3487·	3532	3577	3621·	44·
·18		3666·	3711	3756	3801	3846	3891	3936	3981	4026	4071·	45
·19		4116·	4161·	4207	4252·	4297·	4343	4388·	4434	4480	4525·	45·
2·20	4·	4571	4617	4662·	4708·	4754	4800	4846	4892	4938	4984	46
·21		5030	5076·	5122·	5168·	5215	5261·	5307·	5354	5400·	5447	46·
·22		5493·	5540	5587	5633·	5680·	5727	5774	5820·	5867·	5914·	47
·23		5961·	6008·	6056	6103	6150	6197·	6244·	6292	6339·	6387	47·
·24		6434·	6482	6529·	6577	6624·	6672·	6720	6768	6816	6863·	47·
2·25	4·	6911·	6959·	7007·	7056	7104	7152	7200·	7248·	7297	7345·	48
·26		7393·	7442	7490·	7539	7588	7636·	7685	7734	7782·	7831·	48·
·27		7880·	7929·	7978·	8027·	8076·	8125·	8175	8224	8273·	8322·	49
·28		8372	8421·	8471	8520·	8570	8619·	8669	8719	8768·	8818·	49·
·29		8868·	8918	8968	9018	9068·	9118·	9168·	9218·	9269	9319·	50
2·30	4·	9369·	9420	9470·	9521	9571·	9622	9672·	9723·	9774	9825	50·
·31		9876	9926·	9977·	0̄028·	0̄079·	0̄131	0̄182	0̄233	0̄284·	0̄335·	51
·32	5·	0387	0438·	0490	0541·	0593	0644·	0696	0748	0799·	0851·	51·
·33		0903	0955	1007	1059	1111	1163	1215·	1267·	1320	1372	52
·34		1424·	1477	1529·	1582	1634·	1687	1740	1792·	1845·	1898	52·
2·35	5·	1951	2004	2057	2110	2163	2216	2269·	2322·	2376	2429·	53
·36		2482·	2536	2589·	2643	2697	2750·	2804	2858	2912	2965·	53·
·37		3019·	3073·	3127·	3182	3236	3290	3344·	3398·	3453	3507·	54·
·38		3562	3616·	3671	3725·	3780	3835	3889·	3944·	3999·	4054·	55
·39		4109·	4164·	4219·	4274·	4330	4385	4440·	4496	4551·	4606·	55·
2·40	5·	4662·	4718	4773·	4829·	4885	4941	4996·	5052·	5108·	5164·	56
·41		5220·	5277	5333	5389·	5445·	5502	5558·	5615	5671·	5728	56·
·42		5784·	5841·	5898	5955	6012	6068·	6125·	6183	6240	6297	57
·43		6354	6411·	6469	6526	6583·	6641	6698·	6756·	6814	6871·	57·
·44		6929·	6987·	7045	7103	7161	7219	7277·	7335·	7393·	7452	58
2·45	5·	7510·	7568·	7627	7685·	7744·	7803	7861·	7920·	7979	8038	58·
·46		8097	8156	8215	8274	8333	8392·	8451·	8511	8570·	8630	59
·47		8689·	8749	8808·	8868	8928	8987·	9047·	9107·	9167·	9227·	60
·48		9287·	9348	9408	9468	9528·	9589	9649·	9710	9770·	9831	60·
·49		9892	9952·	0̄013·	0̄074	0̄135	0̄196	0̄257	0̄318·	0̄379·	0̄440·	61
2·50	6·	0502	0563·	0625	0686·	0748	0809·	0871	0933	0994·	1056·	61·

ψ	cos i ψ	0	1	2	3	4	5	6	7	8	9	Δ
2·50	6·	1323	1383·	1444	1504·	1565·	1626	1687	1748	1809	1870	61
·51		1931	1992	2053·	2114·	2176	2237·	2299	2360·	2422	2483·	61·
·52		2545	2607	2669	2731	2792·	2854·	2917	2979	3041	3103·	62·
·53		3166	3228	3290·	3353·	3416	3478·	3541	3604	3667	3729·	62·
·54		3792·	3855·	3918·	3982	4045	4108·	4172	4235	4298·	4362·	63·
2·55	6·	4426	4489·	4553·	4617	4681	4745	4809	4873	4937	5001·	64
·56		5065·	5130	5194·	5259	5323·	5388	5452·	5517·	5582	5647	64·
·57		5712	5777	5842	5907	5972	6037·	6102·	6168	6233·	6299	65·
·58		6364·	6430·	6496	6561·	6627·	6693·	6759·	6825·	6891·	6958	66
·59		7024	7090·	7156·	7223	7289·	7356·	7423	7489·	7556·	7623	66·
2·60	6·	7690	7757	7824	7891	7958·	8025·	8093	8160·	8228	8295·	67·
·61		8363	8430·	8498·	8566	8634	8702	8770	8838	8906	8974·	68
·62		9042·	9111	9179·	9248	9316·	9385	9453·	9522·	9591·	9660·	68·
·63		9729	9798	9867·	9936·	$\bar{0}$005·	$\bar{0}$075	$\bar{0}$144·	$\bar{0}$214	$\bar{0}$283·	$\bar{0}$353	69·
·64	7·	0423	0492·	0562·	0632	0702	0772	0842·	0912·	0982·	1053	70
2·65	7·	1123·	1194	1264·	1335	1405·	1476·	1547	1618	1689	1760	71
·66		1831	1902·	1973·	2045	2116·	2187·	2259	2331	2402·	2474·	71·
·67		2546	2618	2690	2762	2834	2906	2978·	3051	3123·	3195·	72
·68		3268·	3341	3413·	3486·	3559	3632	3705	3778	3851·	3924·	73
·69		3998	4071	4144·	4218	4291·	4365·	4439	4513	4586·	4660	73·
2·70	7·	4734·	4808·	4883	4957	5031·	5106	5180·	5255	5329·	5404·	74·
·71		5479	5554	5629	5704	5779	5854	5929·	6004·	6080	6155·	75
·72		6231	6306·	6382·	6458	6534	6610	6686	6762	6838	6914	76
·73		6990·	7067	7143·	7220	7296·	7373	7450	7527	7603·	7680·	77
·74		7758	7835	7912	7989·	8067	8144·	8222	8299·	8377	8455	77·
2·75	7·	8533	8610·	8688·	8767	8845	8923·	9001·	9080	9158·	9237	78·
·76		9315·	9394·	9473·	9552	9631	9710	9789·	9868·	9947·	$\bar{0}$027	79
·77	8·	0106·	0186	0265·	0345·	0425	0505	0585	0665	0745	0825	80
·78		0905·	0985·	1066	1146·	1227	1308	1388·	1469·	1550	1631	80·
·79		1712	1793·	1874·	1956	2037·	2118·	2200·	2282	2363·	2445·	81·
2·80	8·	2527·	2609·	2691·	2773·	2855·	2938	3020·	3102·	3185·	3268	82·
·81		3350·	3433·	3516	3599	3682	3765·	3848·	3932	4015·	4098·	83
·82		4182·	4266	4349·	4433·	4517·	4601·	4685·	4769·	4853·	4938	84
·83		5022·	5107	5191·	5276	5360·	5445·	5530·	5615·	5700·	5785·	85
·84		5871	5956·	6041·	6127	6212·	6298·	6384	6470	6556	6642	85·
2·85	8·	6728	6814·	6900·	6987	7073·	7160	7246·	7333·	7420	7507	86·
·86		7594	7681	7768	7855·	7942·	8030	8117·	8205·	8293	8380·	87·
·87		8468·	8556·	8644·	8732·	8821	8909	8997·	9086	9174·	9263	88·
·88		9352	9441	9530	9619	9708	9797	9886·	9976	$\bar{0}$065	$\bar{0}$154·	89·
·89	9·	0244·	0334	0424	0514	0604	0694	0784·	0874·	0965	1055·	90
2·90	9·	1146	1236·	1327	1418	1509	1600	1691	1782·	1873·	1965	91
·91		2056·	2148	2239·	2331·	2423	2515	2607	2699	2791·	2883·	92
·92		2976	3068·	3161	3254	3346·	3439·	3532·	3625·	3718·	3812	93
·93		3905	3998·	4092	4185·	4279·	4373	4467	4561	4655	4749·	94
·94		4843·	4938	5032·	5127	5221·	5316·	5411	5506	5601	5696·	95
2·95	9·	5791·	5887	5982·	6077·	6173·	6269	6364·	6460·	6556·	6652·	95·
·96		6749	6845	6941·	7038	7134·	7231·	7328	7425	7522	7619	96·
·97		7716	7813·	7910·	8008	8105·	8203·	8301	8399	8497	8595	97·
·98		8693	8791	8889·	8988	9086·	9185	9284	9382·	9481·	9580·	98·
·99		9680	9779	9878·	9977·	$\bar{0}$077·	$\bar{0}$177	$\bar{0}$276·	$\bar{0}$376·	$\bar{0}$476·	$\bar{0}$576·	99·
3·00	10·	0676·	0777	0877	0977·	1078	1178·	1279·	1380·	1481·	1582·	100·

ψ	$\frac{1}{i}$ sin i ψ	0	1	2	3	4	5	6	7	8	9	Δ
2·50	6·	0502	0563·	0625	0686·	0748	0809·	0871	0933	0994·	1056·	61·
·51		1118·	1180·	1242·	1304·	1366·	1428·	1491	1553·	1615·	1678	62·
·52		1740·	1803·	1866	1928·	1991·	2054	2117	2180	2243	2306	63
·53		2369	2432·	2495·	2559	2622·	2686	2749·	2813	2876·	2940·	63·
·54		3004	3068	3131·	3195·	3259·	3324	3388	3452	3516·	3580·	64
2·55	6·	3645	3709·	3774	3838·	3903·	3968	4033	4097·	4162·	4227·	65
·56		4292·	4357·	4423	4488	4553·	4618·	4684	4749·	4815	4880·	65·
·57		4946·	5012	5078	5144	5210	5276	5342	5408	5474	5540·	66
·58		5607	5673	5739·	5806	5873	5939·	6006	6073	6140	6207	66·
·59		6274	6341	6408	6475	6542·	6609·	6677	6744·	6812	6879·	67·
2·60	6·	6947·	7015	7083	7150·	7218·	7286·	7354·	7423	7491	7559·	68
·61		7627·	7696	7764·	7833	7901·	7970	8039	8107·	8176·	8245·	68·
·62		8314·	8383·	8453	8522	8591·	8660·	8730	8799·	8869	8939	69·
·63		9008·	9078·	9148	9218	9288	9358	9428	9498·	9568·	9639	70
·64		9709	9779·	9850	9920·	9991·	0̄062	0̄133	0̄204	0̄275	0̄346	71
2·65	7·	0417	0488	0559	0630·	0702	0773·	0845	0916·	0988	1060	71·
·66		1131·	1203·	1275·	1347·	1419·	1491·	1564	1636·	1708·	1781	72
·67		1853·	1926	1999	2071·	2144·	2217·	2290	2363	2436·	2509·	73
·68		2582·	2656	2729·	2803	2876·	2950	3023·	3097·	3171·	3245	73·
·69		3319	3393	3467	3541·	3615·	3690	3764·	3838·	3913·	3988	74·
2·70	7·	4062·	4137·	4212	4287	4362	4437	4512·	4587·	4663	4738·	75
·71		4813·	4889	4965	5040·	5116	5192	5268	5344	5420	5496	76
·72		5572	5648·	5725	5801	5877·	5954·	6031	6107·	6184·	6261·	76·
·73		6338·	6415·	6492·	6569·	6647	6724·	6801·	6879	6956·	7034·	77·
·74		7112	7190	7268	7345·	7423·	7502	7580	7658·	7736·	7815	78
2·75	7·	7893·	7972	8050·	8129·	8208·	8287	8366	8445	8524·	8603·	79
·76		8683	8762	8841·	8921	9000·	9080·	9160	9240	9320	9400	79·
·77		9480	9560	9640·	9720·	9801	9881·	9962	0̄042·	0̄123·	0̄204	80·
·78	8·	0285	0366	0447	0528	0609	0690·	0772	0853	0934·	1016·	81·
·79		1098	1179·	1261·	1343·	1425·	1507·	1589·	1672	1754·	1836·	82
2·80	8·	1919	2001·	2084·	2167	2250	2333	2416	2499	2582	2665·	83
·81		2748·	2832	2915·	2999	3082·	3166·	3250	3334	3418	3502	84
·82		3586	3670·	3754·	3839	3923·	4008	4093	4177·	4262·	4347	84·
·83		4432	4517·	4602·	4687·	4773	4858·	4944	5029·	5115	5201	85·
·84		5286·	5372·	5458·	5544·	5631	5717	5803·	5890	5976·	6063	86·
2·85	8·	6149·	6236·	6323·	6410·	6497·	6584·	6671·	6759	6846·	6933·	87
·86		7021·	7109	7196·	7284·	7372·	7460·	7548·	7636·	7725	7813	88
·87		7901·	7990	8078·	8167·	8256	8345	8434	8523	8612	8701·	89
·88		8790·	8880	8969·	9059	9149	9238·	9328·	9418·	9508·	9598·	90
·89		9688·	9779	9869·	9960	0̄050·	0̄141	0̄231·	0̄322·	0̄413·	0̄504·	90·
2·90	9·	0595·	0687	0778	0869·	0961	1052·	1144	1236	1327·	1419·	91·
·91		1511·	1603·	1696	1788·	1880·	1973	2065·	2158·	2251	2344	92·
·92		2437	2530	2623	2716	2809·	2903	2996·	3090	3183·	3277·	93·
·93		3371	3465	3559	3653·	3747·	3842	3936·	4031	4125·	4220	94·
·94		4315	4409·	4504·	4599·	4695	4790	4885·	4981	5076·	5172·	95·
2·95	9·	5268	5364	5460	5556	5652	5748·	5844·	5941	6037·	6134	96·
·96		6231	6327·	6424·	6521·	6618·	6715·	6813	6910·	7008	7105·	97·
·97		7203	7301	7398·	7496·	7594·	7693	7791	7889·	7988	8086·	98
·98		8185	8284	8382·	8481·	8580·	8680	8779	8878·	8978	9077·	99
·99		9177	9276·	9376·	9476·	9576·	9676·	9777	9877	9977·	0̄078	100·
3·00	10·	0178·	0279·	0380·	0481	0582·	0683·	0784·	0886	0987·	1089	101

ψ	cos i ψ	0	1	2	3	4	5	6	7	8	9	Δ
8·00	10·	0676·	0777	0877	0977·	1078	1178·	1279·	1380·	1481·	1582·	100·
·01		1683·	1784·	1886	1987·	2089	2190·	2292·	2394·	2496·	2598·	101·
·02		2700·	2802·	2905	3007·	3110	3213	3315·	3418·	3521·	3624·	102·
·03		3728	3831	3934·	4038	4141·	4245·	4349	4453	4557	4661	103·
·04		4765·	4869·	4974	5078·	5183·	5288	5393	5498	5603	5708·	104·
8·05	10·	5813·	5919	6024·	6130	6235·	6341·	6447·	6553·	6659·	6766	106
·06		6872	6978·	7085·	7192	7298·	7405·	7512·	7619·	7727	7834	107
·07		7941·	8049	8157	8264·	8372·	8480·	8588·	8696·	8805	8913·	108
·08		9022	9130·	9239	9348	9457	9566	9675	9784·	9894	$\bar{0}$003·	109
·09	11·	0113	0222·	0332·	0442·	0552·	0662·	0773	0883	0993·	1104·	110
8·10	11·	1215	1326	1436·	1548	1659	1770	1881·	1993	2104·	2216·	111·
·11		2328	2440	2552	2664·	2776·	2889	3001·	3114	3227	3339·	112·
·12		3452·	3565·	3679	3792·	3905·	4019	4133	4246·	4360·	4474·	113·
·13		4588·	4702·	4817	4931·	5046	5160·	5275·	5390·	5505·	5620·	114·
·14		5735·	5851	5966·	6082	6198	6313·	6429·	6545·	6662	6778	116
8·15	11·	6894·	7011	7128	7244·	7361·	7478·	7595·	7712·	7830	7947·	117
·16		8065	8183	8300·	8418·	8536·	8655	8773	8891·	9010	9128·	118·
·17		9247·	9366·	9485·	9604·	9723·	9843	9962·	$\bar{0}$082	$\bar{0}$202	$\bar{0}$321·	119·
·18	12·	0441·	0562	0682	0802·	0922·	1043·	1164	1285	1406	1527	120·
·19		1648	1769·	1890·	2012·	2134	2255·	2377·	2499·	2622	2744	122
8·20	12·	2866·	2989	3111·	3234·	3357·	3480·	3603·	3726·	3850	3973·	123
·21		4097	4221	4345	4469	4593	4717·	4841·	4966	5090·	5215·	124
·22		5340·	5465·	5590·	5716	5841	5966·	6092·	6218	6344	6470	125·
·23		6596	6722·	6848·	6975·	7102	7228·	7355·	7482·	7609·	7737	126·
·24		7864·	7992	8119·	8247·	8375·	8503·	8631·	8760	8888·	9017	128
8·25	12·	9145·	9274·	9403·	9532·	9661·	9791	9920·	$\bar{0}$050	$\bar{0}$180	$\bar{0}$309·	129·
·26	13·	0439·	0569·	0700	0830·	0961	1091·	1222·	1353	1484·	1615·	130·
·27		1746·	1878	2009·	2141·	2273·	2405	2537·	2669·	2802	2934·	132
·28		3067	3199·	3332·	3465·	3599	3732	3865·	3999	4133	4266·	133
·29		4400·	4534·	4669	4803·	4937·	5072·	5207	5342	5477	5612·	134·
8·30	13·	5747·	5883	6018·	6154·	6290	6426	6562·	6698·	6835	6971·	136
·31		7108	7245	7382	7519	7656·	7793·	7931	8068·	8206·	8344·	137·
·32		8482·	8620·	8759	8897·	9036	9175	9314	9453	9592	9731·	138·
·33		9870·	$\bar{0}$010·	$\bar{0}$150	$\bar{0}$290	$\bar{0}$430	$\bar{0}$570	$\bar{0}$710·	$\bar{0}$850·	$\bar{0}$991·	$\bar{1}$132	140
·34	14·	1273	1414	1555	1696·	1837·	1979	2121	2262·	2404·	2547	141·
8·35	14·	2689	2831·	2974	3116·	3259·	3402·	3545·	3689	3832·	3976	143
·36		4119·	4263·	4407·	4551·	4696	4840·	4985	5129·	5274·	5419·	144·
·37		5564·	5710	5855·	6001	6146·	6292·	6438·	6584·	6731	6877·	146
·38		7024	7171	7317·	7464·	7612	7759·	7907	8054·	8202·	8350	147·
·39		8498·	8646·	8795	8943·	9092	9241	9390	9539	9688·	9838	149
8·40	14·	9987·	$\bar{0}$137	$\bar{0}$287	$\bar{0}$437	$\bar{0}$587	$\bar{0}$737·	$\bar{0}$888	$\bar{1}$038·	$\bar{1}$189·	$\bar{1}$340·	150·
·41	15·	1491·	1642·	1794	1945·	2097·	2249	2401	2553·	2705·	2858	152
·42		3010·	3163·	3316·	3469·	3622·	3776	3929·	4083	4237	4391	153·
·43		4545	4699·	4854	5008·	5163·	5318	5473·	5628·	5784	5939·	155
·44		6095	6251	6407	6563	6719·	6876	7032·	7189·	7346·	7503·	156·
8·45	15·	7660·	7818	7975·	8133·	8291·	8449·	8607·	8766	8924·	9083	158
·46		9242	9401	9560	9719·	9879	$\bar{0}$038·	$\bar{0}$198·	$\bar{0}$358·	$\bar{0}$518·	$\bar{0}$679	159·
·47	16·	0839·	1000	1160·	1321·	1482·	1644	1805·	1967	2128·	2290·	161·
·48		2452·	2615	2777	2940	3102·	3265·	3428·	3591·	3755	3918·	163
·49		4082	4246	4410	4574·	4738·	4903	5068	5232·	5397·	5563	164·
8·50	16·	5728	5893·	6059·	6225·	6391·	6557·	6724	6890·	7057	7224	166·

ψ	$\frac{1}{i}\sin i\psi$	0	1	2	3	4	5	6	7	8	9	Δ
3·00	10·	0178·	0279·	0380·	0481	0582·	0683·	0784·	0886	0987·	1089	101
·01		1190·	1292·	1394	1496	1598	1700	1802·	1905	2007·	2110	102
·02		2212·	2315	2418	2521	2624	2727	2830·	2934	3037·	3141	103
·03		3244·	3348·	3452·	3556·	3660·	3764·	3869	3973	4077·	4182·	104
·04		4287	4392	4497	4601·	4706·	4812	4917·	5023	5128·	5234	105·
3·05	10·	5340	5446	5552	5658	5764	5870·	5976·	6083	6190	6296·	106·
·06		6403·	6510·	6617·	6724·	6831·	6939	7046·	7154	7261·	7369·	107·
·07		7477·	7585·	7693·	7801·	7910	8018·	8127	8235·	8344·	8453	108·
·08		8562	8671·	8780·	8890	8999	9108·	9218·	9328	9438	9548	109·
·09		9658	9768	9878·	9988·	0̄099	0̄210	0̄320·	0̄431·	0̄542·	0̄653·	110·
3·10	11·	0764·	0875·	0987	1098·	1210·	1322	1433·	1545·	1657·	1770	111·
·11		1882	1994·	2107	2219·	2332·	2445·	2558	2671	2784·	2897·	113
·12		3011	3124·	3238·	3352	3466	3580	3694	3808	3922·	4036·	114
·13		4151·	4266	4380·	4495·	4610·	4725·	4841	4956	5071·	5187	115
·14		5303	5418·	5534·	5650·	5767	5883	5999·	6116	6232·	6349·	116·
3·15	11·	6466	6583	6700	6817·	6934·	7052	7169·	7287·	7405	7523	117·
·16		7641	7759	7877·	7995·	8114	8232·	8351·	8470	8589	8708	118·
·17		8827·	8946·	9066	9185·	9305·	9425	9545	9665	9785	9905·	120
·18	12·	0026	0146·	0267	0387·	0508·	0629·	0750·	0872	0993·	1114·	121
·19		1236·	1358	1480	1602	1724	1846	1968·	2091	2213·	2336	122·
3·20	12·	2459	2581·	2705	2828	2951·	3074·	3198	3322	3445·	3569·	123·
·21		3693·	3817·	3942	4066·	4191	4315·	4440·	4565·	4690·	4815·	124·
·22		4941	5066	5191·	5317·	5443	5569	5695	5821·	5947·	6074	126
·23		6200·	6327	6454	6581	6708	6835	6962·	7089·	7217·	7345	127·
·24		7473	7600·	7729	7857	7985·	8113·	8242·	8371	8499·	8628·	128·
3·25	12·	8758	8887	9016·	9146	9275·	9405	9535	9665	9795	9925·	130
·26	13·	0055·	0186	0317	0447·	0578·	0709·	0840·	0972	1103·	1235	131
·27		1366·	1498·	1630·	1762·	1894·	2027	2159·	2292	2425	2557·	132·
·28		2690·	2824	2957	3090·	3224	3357·	3491·	3625·	3759·	3893·	133·
·29		4028	4162·	4297	4432	4566·	4701·	4837	4972	5107·	5243	135
3·30	13·	5379	5514·	5650·	5786·	5923	6059	6195·	6332·	6469	6606	136·
·31		6743	6880	7017·	7155	7292·	7430·	7568	7706	7844·	7982·	138
·32		8121	8259·	8398·	8537	8676	8815	8954·	9093·	9233·	9373	139
·33		9512·	9652·	9793	9933	0̄073·	0̄214	0̄354·	0̄495·	0̄636	0̄777·	140·
·34	14·	0918·	1060	1201·	1343	1484·	1626·	1768·	1911	2053	2195·	142
3·35	14·	2338	2481	2624	2767	2910	3053·	3197	3340·	3484·	3628·	143·
·36		3772·	3916·	4061	4205·	4350	4494·	4639·	4784·	4930	5075	145
·37		5220·	5366·	5512	5658	5804	5950·	6096·	6243·	6390	6536·	146·
·38		6683·	6830·	6978	7125·	7273	7420·	7568·	7716·	7864·	8013	148
·39		8161	8310	8458·	8607·	8756·	8905·	9055	9204·	9354	9503·	149
3·40	14·	9653·	9803·	9954	0̄104·	0̄254·	0̄405·	0̄556	0̄707	0̄858·	1̄009·	150·
·41	15·	1161	1312·	1464·	1616	1768	1920·	2072·	2225	2378	2530·	152·
·42		2683·	2836·	2990	3143·	3297	3450·	3604·	3758·	3912·	4067	153·
·43		4221·	4376	4530·	4685·	4840·	4996	5151·	5307	5462·	5618·	155·
·44		5774·	5930·	6087	6243·	6400	6557	6714	6871	7028	7185·	157
3·45	15·	7343	7501	7659	7817	7975	8133·	8292	8450·	8609·	8768·	158·
·46		8927·	9087	9246·	9406	9566	9726	9886	0̄046·	0̄206·	0̄367·	160
·47	16·	0528	0689	0850	1011·	1172·	1334·	1496	1658	1820	1982·	161·
·48		2144·	2307	2470	2632·	2795·	2959	3122·	3285·	3449·	3613·	163·
·49		3777	3941·	4105·	4270	4435	4599·	4764·	4930	5095	5260·	165
3·50	16·	5426·	5592	5758	5924·	6090·	6257	6423·	6590·	6757·	6924·	166·

ψ	cos i	ψ 0	1	2	3	4	5	6	7	8	9	Δ
3·50	16·	5728	5893·	6059·	6225·	6391·	6557·	6724	6890·	7057	7224	166·
·51		7391	7558	7725·	7893	8060·	8228·	8396·	8564·	8733	8901·	168
·52		9070	9239	9408	9577·	9746·	9916	0̄086	0̄255·	0̄426	0̄596	169·
·53	17·	0766·	0937	1107·	1278·	1449·	1621	1792·	1964	2135·	2307·	171·
·54		2479·	2652	2824·	2997	3170	3342·	3516	3689	3862·	4036·	173
3·55	17·	4210	4384	4558·	4732·	4907·	5082	5257	5432	5607	5782·	175
·56		5958	6134	6310	6486	6662·	6839	7015·	7192·	7369·	7546·	176·
·57		7724	7901·	8079	8257	8435	8613	8791·	8970	9149	9328	178·
·58		9507	9686·	9866	0̄045·	0̄225·	0̄405·	0̄585·	0̄766	0̄946·	1̄127·	180
·59	18·	1308·	1489·	1671	1852·	2034	2216	2398	2580	2762·	2945	182·
3·60	18·	3128	3310·	3494	3677	3860·	4044·	4228·	4412·	4596·	4781	183·
·61		4965·	5150·	5335·	5520·	5705·	5891·	6077	6263	6449	6635·	185·
·62		6822	7008·	7195·	7382·	7569·	7757	7944·	8132	8320	8508·	187·
·63		8696·	8885	9074	9263	9452	9641	9830·	0̄020·	0̄210	0̄400	189·
·64	19·	0590·	0781	0971·	1162	1353·	1544·	1736	1927·	2119	2311	191·
3·65	19·	2503·	2695·	2888	3081	3274	3467	3660·	3853·	4047·	4241·	193
·66		4435·	4629·	4824	5019	5213·	5408·	5604	5799·	5995	6191	195·
·67		6387	6583	6779·	6976	7173	7370	7567	7764·	7962·	8160	197·
·68		8358	8556·	8754·	8953·	9152	9351	9550·	9749·	9949·	0̄149	199
·69	20·	0349	0549·	0749·	0950·	1151	1352	1553·	1754·	1956·	2158	201
3·70	20·	2360	2562·	2764·	2967·	3170	3373	3576·	3780	3983·	4187·	203
·71		4391·	4595·	4800	5005	5209·	5414·	5620	5825·	6031	6237	205
·72		6443	6649·	6856	7062·	7269·	7476·	7684	7891·	8099·	8307·	207
·73		8515·	8724	8932·	9141	9350	9559·	9769	9978·	0̄188·	0̄398·	209·
·74	21·	0608·	0819	1030	1241	1452	1663	1875	2086·	2298·	2510·	211·
3·75	21·	2723	2935·	3148·	3361·	3574·	3788	4002	4215·	4430	4644	213·
·76		4858·	5073·	5288·	5503·	5719	5934·	6150	6366	6582·	6799	216
·77		7015·	7232·	7449·	7667	7884·	8102	8320	8538·	8757	8975·	218
·78		9194·	9413·	9632·	9852	0̄072	0̄292	0̄512	0̄732·	0̄953	1̄174	220
·79	22·	1395	1616·	1838	2059·	2281·	2503·	2726	2948·	3171·	3394·	222·
3·80	22·	3618	3841·	4065	4289	4513	4737·	4962	5187	5412	5637·	224·
·81		5863	6088·	6314·	6541	6767·	6994	7221	7448	7675·	7903	226·
·82		8130·	8358·	8587	8815·	9044	9273	9502·	9731·	9961·	0̄191	229
·83	23·	0421	0651·	0882	1113	1344	1575	1806·	2038·	2270	2502·	231·
·84		2735	2967·	3200·	3433·	3666·	3900·	4134	4368	4602·	4837	233
3·85	23·	5071·	5306·	5542	5777·	6013	6249	6485	6721·	6958	7195	236
·86		7432	7669·	7907	8145	8383	8621	8859·	9098·	9337·	9576·	238·
·87		9816	0̄056	0̄296	0̄536	0̄776·	1̄017·	1̄258	1̄499·	1̄740·	1̄982·	240·
·88	24·	2224·	2466·	2709	2951·	3194·	3437·	3681	3924·	4168·	4412·	243
·89		4656·	4901·	5146	5391	5636·	5882	6128	6374	6620	6866·	245·
3·90	24·	7113·	7360·	7608	7855·	8103	8351	8599·	8848	9096·	9345·	248
·91		9595	9844·	0̄094·	0̄344·	0̄594·	0̄845	1̄096	1̄347	1̄598	1̄849·	250·
·92	25·	2101·	2353·	2605·	2858·	3111	3364	3617·	3871	4124·	4379	253
·93		4633	4887·	5142·	5397·	5653	5908·	6164·	6420·	6676·	6933·	256
·94		7190	7447·	7704·	7962·	8220·	8478·	8737	8995·	9254·	9513·	258·
3·95	25·	9773	0̄033	0̄293	0̄553	0̄813·	1̄074	1̄335·	1̄596·	1̄858	2̄120	261
·96	26·	2382	2644·	2907	3169·	3432·	3696	3960	4223·	4488	4752·	263·
·97		5017	5282	5547	5812·	6078·	6344·	6610·	6877·	7144	7411·	266
·98		7678·	7946·	8214	8482·	8750·	9019·	9288·	9557·	9827	0̄097	269
·99	27·	0367	0637·	0908	1179	1450	1721·	1993	2265	2537	2809·	271·
4·00	27·	3082·	3355·	3628·	3902·	4176	4450·	4724·	4999·	5274·	5549·	274·

ψ	$\frac{1}{i}$ sin i ψ	0	1	2	3	4	5	6	7	8	9	Δ
3·50	16·	5426·	5592	5758	5924·	6090·	6257	6423·	6590·	6757·	6924·	166·
·51		7092	7159·	7427	7595	7762·	7931	8099	8267·	8436·	8605	168
·52		8774	8943·	9112·	9282	9451·	9621·	9791·	9961·	0̄132	0̄302·	170
·53	17·	0473·	0644	0815	0986·	1157·	1329·	1501	1673	1845	2017	171·
·54		2189·	2362	2535	2707	2881	3054	3227·	3401	3575	3749	173·
3·55	17·	3923	4097·	4271·	4446·	4621	4796	4971·	5146·	5322	5498	175
·56		5674	5850	6026	6202·	6379	6556	6732·	6910	7087	7264·	176·
·57		7442	7620	7798	7976	8154·	8333	8511·	8690·	8869·	9049	178·
·58		9228·	9408	9587·	9767·	9947·	0̄128	0̄308·	0̄489·	0̄670	0̄851	180·
·59	18·	1032·	1214	1395·	1577	1759	1941·	2123·	2306	2488·	2671·	182·
3·60	18·	2854·	3038	3221·	3405	3588·	3772·	3956·	4141	4325·	4510	184
·61		4695	4880	5065·	5250·	5436·	5622	5808	5994	6180·	6367	186
·62		6554	6741	6928	7115	7302·	7490·	7678	7866	8054·	8243	187·
·63		8431·	8620·	8809·	8998·	9188	9377·	9567	9757	9947	0̄137·	189·
·64	19·	0328	0518·	0709·	0900·	1092	1283·	1475	1666·	1858·	2051	191·
3·65	19·	2243·	2436	2629	2821·	3015	3208·	3402	3595·	3789·	3983·	193·
·66		4178	4372·	4567·	4762·	4957·	5152·	5348	5544	5740	5936	195·
·67		6132	6328·	6525·	6722	6919·	7116·	7314	7511·	7709·	7907·	197·
·68		8106	8304·	8503	8702	8901	9100	9299·	9499	9699	9899	199·
·69	20·	0099·	0300	0500·	0701·	0902·	1103·	1305	1506·	1708·	1910·	201·
3·70	20·	2113	2315·	2518	2721	2924	3127·	3330·	3534·	3738·	3942·	203·
·71		4146·	4351	4556	4760·	4966	5171	5376·	5582·	5788·	5994·	205·
·72		6201	6407·	6614	6821	7028·	7235·	7443	7651	7859	8067	207·
·73		8275·	8484·	8693	8902	9111·	9321	9530·	9740·	9950·	0̄160·	209·
·74	21·	0371	0582	0793	1004	1215·	1427	1638·	1850·	2063	2275	212
3·75	21·	2488	2700·	2913·	3127	3340·	3554	3768	3982	4196·	4411	214
·76		4625·	4840·	5056	5271·	5487	5702·	5918·	6135	6351·	6568	216
·77		6785	7002·	7219·	7437	7655	7873	8091	8309·	8528	8747	218
·78		8966	9185·	9405	9624·	9844·	0̄065	0̄285	0̄506	0̄726·	0̄947·	220·
·79	22·	1169	1390·	1612·	1834	2056·	2278·	2501·	2724·	2947·	3170·	222·
3·80	22·	3394	3618	3842	4066	4290·	4515	4740	4965	5190	5415·	224·
·81		5641·	5867·	6093·	6320	6547	6773·	7000·	7228	7455·	7683·	227
·82		7911·	8139·	8368	8597	8826	9055	9284	9514	9743·	9974	229
·83	23·	0204	0434·	0665·	0896·	1127·	1359	1590·	1822·	2055	2287·	231·
·84		2520	2752·	2986	3219	3452·	3686·	3920·	4154·	4389	4624	234
3·85	23·	4859	5094	5329·	5565	5801	6037	6273·	6510	6747	6984	236·
·86		7221·	7459	7696·	7935	8173	8411·	8650	8889	9128·	9368	238·
·87		9607·	9847·	0̄087·	0̄328	0̄569	0̄809·	1̄051	1̄292	1̄534	1̄775·	241
·88	24·	2018	2260	2502·	2745·	2988·	3232	3475·	3719·	3963·	4207·	243·
·89		4452	4697	4942	5187·	5433	5678·	5924·	6171	6417·	6664	246
3·90	24·	6911	7158·	7406	7653·	7901·	8149·	8398	8647	8896	9145	248·
·91		9394·	9644·	9894·	0̄144·	0̄395	0̄645·	0̄896·	1̄148	1̄399·	1̄651	251
·92	25·	1903	2155·	2407·	2660·	2913·	3166·	3420	3674	3928	4182	253·
·93		4436·	4691·	4946·	5202	5457·	5713	5969	6225·	6482	6738·	256
·94		6996	7253	7510·	7768·	8026·	8285	8543·	8802·	9061·	9321	258·
3·95	25·	9580·	9840·	0̄100·	0̄361	0̄621·	0̄882·	1̄144	1̄405·	1̄667	1̄929	261
·96	26·	2191·	2454	2716·	2979·	3243	3506·	3770·	4034·	4299	4563·	263·
·97		4828·	5093·	5359	5624·	5890·	6156·	6423	6690	6957	7224	266·
·98		7491·	7759·	8027·	8296	8564·	8833·	9102·	9372	9641·	9911·	269
·99	27·	0182	0452·	0723	0994·	1265·	1537	1809	2081	2353·	2626·	272
4·00	27·	2899	3172·	3446	3719·	3993·	4268	4542·	4817·	5092·	5368	274·

ψ	cos i ψ	0	1	2	3	4	5	6	7	8	9	Δ
4·00	27·	3082·	3355·	3628·	3902·	4176	4450·	4724·	4999·	5274·	5549·	274·
·01		5825	6101	6377	6653	6930	7206·	7484	7761·	8039	8317	277
·02		8595·	8874	9152·	9432	9711	9991	0̄271	0̄551	0̄831·	1̄112·	280
·03	28·	1393·	1674·	1956·	2238·	2520·	2803	3085·	3369	3652	3935·	282·
·04		4219·	4504	4788·	5073	5358	5643·	5929	6215	6501	6787·	285·
4·05	28·	7074·	7361·	7649	7936·	8224·	8512·	8801	9089·	9379	9668	288·
·06		9958	0̄247·	0̄538	0̄828·	1̄119·	1̄410·	1̄701·	1̄993·	2̄285·	2̄577·	291·
·07	29·	2870	3163	3456	3749·	4043·	4337·	4631·	4926·	5221	5516·	294
·08		5812	6107·	6404	6700·	6997	7294	7591	7888·	8186·	8484·	297
·09		8783	9082	9381	9680·	9980	0̄280	0̄580·	0̄881	1̄181·	1̄483	300·
4·10	30·	1784·	2086	2388	2690·	2993	3296	3599·	3903	4207	4511	303·
·11		4815·	5120·	5425·	5731	6036·	6342·	6649	6955·	7262·	7570	306
·12		7877·	8185·	8493·	8802	9110·	9420	9729·	0̄039	0̄349	0̄659·	309
·13	31·	0970	1281	1592·	1904	2215·	2528	2840·	3153·	3466·	3780	312·
·14		4093·	4408	4722	5037	5352	5667·	5983	6299	6615·	6932	315·
4·15	31·	7249	7566	7883·	8201·	8519·	8838·	9157	9476·	9795·	0̄115·	319
·16	32·	0435·	0756	1077	1398	1719·	2041	2363	2685·	3008	3331	322
·17		3654·	3978	4302	4626·	4951	5276	5601·	5927	6253	6579	325
·18		6906	7232·	7560	7887·	8215·	8543·	8872	9201	9530·	9860	328·
·19	33·	0189·	0520	0850·	1181·	1512·	1844	2176	2508	2840·	3173·	331·
4·20	33·	3506·	3840	4174	4508	4842·	5177·	5513	5848·	6184	6520·	335
·21		6857	7194	7531	7868·	8206·	8544·	8883·	9222	9561·	9901	338·
·22	34·	0241	0581	0922	1262·	1604	1945·	2287·	2630	2972·	3315·	341·
·23		3659	4002·	4346·	4691	5035·	5381	5726·	6072	6418	6764·	345
·24		7111·	7458·	7806	8154	8502	8850·	9199·	9548·	9898	0̄248	349
4·25	35·	0598·	0949	1300	1651·	2003	3355	2707·	3060	3413	3766·	352
·26		4120·	4474·	4829	5184	5539·	5895	6250·	6607	6963·	7321	355·
·27		7678	8036	8394	8752·	9111	9470·	9829·	0̄189·	0̄550	0̄910·	359
·28	36·	1271·	1633	1994·	2356·	2719	3081·	3444·	3808	4172	4536·	362·
·29		4901	5266	5631	5997	6363	6729·	7096	7463·	7830·	8198·	366·
4·30	36·	8567	8935·	9304·	9674	0̄043·	0̄413·	0̄784	1̄155	1̄526	1̄897·	370
·31	37·	2269·	2642	3014·	3387·	3761	4135	4509	4883·	5258·	5634	374
·32		6009·	6385·	6762	7139	7516	7893·	8271·	8650	9028·	9408	377·
·33		9787·	0̄167	0̄547·	0̄928	1̄309	1̄690·	2̄072	2̄454	2̄836·	3̄219·	381
·34	38·	3603	3986·	4370·	4755	5140	5525	5910·	6296·	6683	7069·	385·
4·35	38·	7457	7844·	8232·	8620·	9009·	9398·	9788	0̄177·	0̄568	0̄958·	389
·36	39·	1349·	1741	2133	2525	2917·	3310·	3704	4097·	4492	4886·	393
·37		5281·	5677	6072·	6468·	6865	7262	7659·	8057	8455·	8854	396·
·38		9253	9652	0̄052	0̄452	0̄852·	1̄253·	1̄655	2056·	2458·	2861	401
·39	40·	3264	3667·	4071	4475·	4880	5285	5690	6096	6502	6908·	405
4·40	40·	7315·	7723	8131	8539	8947·	9356·	9766	0̄176	0̄586·	0̄997	409
·41	41·	1408	1819·	2231·	2644	3056·	3469·	3883·	4297	4711·	5126·	413
·42		5541·	5957·	6373·	6790	7206·	7624	8041·	8460	8878·	9297·	417
·43		9716·	0̄136·	0̄556·	0̄977·	1̄398·	1̄820	2̄242	2̄664	3̄087	3̄510	421·
·44	42·	3933·	4357·	4782	5207	5632·	6058	6484	6911	7338	7765·	426
4·45	42·	8193	8621·	9050	9479·	9909	0̄339	0̄769·	1̄200	1̄631·	2̄063·	430
·46	43·	2495·	2928	3361	3794·	4228·	4662·	5097·	5532·	5968·	6404·	434·
·47		6841	7278	7715	8153	8591·	9030	9469	9908·	0̄348·	0̄789	439
·48	44·	1230	1671·	2113	2555·	2998	3441	3884·	4328·	4773	5218	443·
·49		5663·	6109	6555·	7002	7449	7896·	8344·	8793	9242	9691·	448
4·50	45·	0141	0591·	1042	1493·	1945	2397	2849·	3302·	3756	4210	452·

ψ	$\frac{1}{i}$ sin iψ	0	1	2	3	4	5	6	7	8	9	Δ
4·00	27·	2899	3172·	3446	3719·	3993·	4268	4542·	4817·	5092·	5368	274·
·01		5643·	5919·	6196	6472·	6749	7026·	7303·	7581	7859	8137·	277
·02		8416	8694·	8973·	9253	9532·	9812·	0̄092·	0̄373	0̄653·	0̄934·	280
·03	28·	1215·	1497	1779	2061	2343·	2626	2909	3192·	3476	3759·	282·
·04		4043·	4328	4612·	4897·	5183	5468·	5754	6040·	6326·	6613·	285·
4·05	28·	6900	7187·	7475	7762·	8051	8339	8628	8916·	9206	9495·	288·
·06		9785·	0̄075·	0̄366	0̄656·	0̄947·	1̄238·	1̄530·	1̄822	2̄114·	2̄406·	291·
·07	29·	2699·	2992·	3285·	3579·	3873·	4167·	4462	4756·	5052	5347	294·
·08		5643	5939	6235	6531·	6828·	7125·	7423	7720·	8019	8317	297·
·09		8616	8914·	9214	9513·	9813·	0̄113·	0̄414	0̄714·	1̄015·	1̄317	300·
4·10	30·	1618·	1920·	2223	2525·	2828	3131·	3434·	3738·	4042·	4347	303·
·11		4651·	4956·	5262	5567·	5873·	6179·	6486	6793	7100	7407·	306·
·12		7715	8023	8331·	8640	8949	9258	9567·	9877·	0̄188	0̄498·	309·
·13	31·	0809	1120·	1432	1743·	2055·	2368	2680·	2993·	3307	3620·	312·
·14		3934·	4248·	4563·	4878·	5193·	5509	5824·	6141	6457·	6774	316
4·15	31·	7091	7408·	7726·	8044·	8363	8681·	9000·	9319·	9639·	9959·	319
·16	32·	0279·	0600	0921	1242	1564	1886	2208	2530·	2853·	3176·	322
·17		3500	3824	4148	4472·	4797·	5122·	5448	5773·	6099·	6426	325·
·18		6753	7080	7407·	7735	8063	8391·	8720	9049	9378·	9708	328·
·19	33·	0038	0368·	0699·	1030·	1361·	1693·	2025·	2357·	2690·	3023·	332
4·20	33·	3356·	3690·	4024·	4359	4693·	5028·	5364	5699·	6035·	6372	335
·21		6708·	7045·	7383	7720·	8058·	8397	8735·	9074·	9414	9754	338·
·22	34·	0094	0434·	0775	1116	1457·	1799·	2141·	2484	2826·	3170	342
·23		3513·	3857·	4201·	4546	4891	5236	5581·	5927·	6273·	6620·	345·
·24		6967	7314·	7662	8010	8358·	8707	9056	9405·	9755	0̄105·	349·
4·25	35·	0455·	0806·	1157·	1509	1861	2213	2565·	2918·	3271·	3625·	352·
·26		3979·	4333·	4688·	5043·	5398·	5754·	6110·	6467	6823·	7181	355·
·27		7538·	7896	8254·	8613	8972	9331	9691	0̄051	0̄411·	0̄772	359·
·28	36·	1133	1494·	1856·	2218·	2581	2944	3307	3670·	4034·	4399	363
·29		4764	5129	5494·	5860	6226·	6593	6959·	7327	7694·	8062·	366·
4·30	36·	8431	8800	9169	9538·	9908·	0̄278·	0̄649	1̄020	1̄391·	1̄763	370·
·31	37·	2135·	2507·	2880·	3253·	3627·	4001·	4375·	4750·	5125·	5501	374
·32		5876·	6253	6629·	7006·	7383·	7761·	8139·	8518	8896·	9276	378
·33		9655·	0̄035·	0̄416	0̄796·	1̄178	1̄559	1̄941	2̄323·	2̄706	3̄089	381·
·34	38·	3472·	3856·	4240·	4625	5010	5395·	5781	6167	6553·	6940·	385·
4·35	38·	7328	7715·	8103·	8492	8880·	9270	9659·	0̄049·	0̄440	0̄830·	389·
·36	39·	1222	1613·	2005·	2397·	2790·	3183·	3577	3971	4365	4760	393
·37		5155	5550·	5946·	6342·	6739	7136·	7533·	7931·	8330	8728·	397·
·38		9127·	9527	9927	0̄327	0̄727·	1̄129	1̄530·	1̄932	2̄334·	2̄737	401
·39	40·	3140	3543·	3947·	4351·	4756·	5161·	5567	5973	6379	6786	405·
4·40	40·	7193	7600·	8008·	8417	8825·	9234·	9644·	0̄054	0̄464·	0̄875·	409·
·41	41·	1286·	1698	2110	2522·	2935·	3348·	3762·	4176·	4591	5006	413·
·42		5421·	5837	6253·	6670	7087	7504	7922	8340·	8759	9178	417·
·43		9597·	0̄017·	0̄438	0̄858·	1̄280	1̄701·	2̄123·	2̄546	2̄968·	3̄392	421·
·44	42·	3815·	4240	4664·	5089·	5515	5940·	6367	6793·	7220·	7648·	426
4·45	42·	8076·	8504·	8933·	9363	9792·	0̄222·	0̄653	1̄084	1̄515·	1̄947·	430·
·46	43·	2379·	2812·	3245·	3679	4113	4547·	4982·	5418	5853·	6289·	434·
·47		6726·	7163·	7601	8039	8477	8916	9355·	9795	0̄235	0̄675·	439
·48	44·	1116·	1558	2000	2442·	2885	3328·	3772	4216	4660·	5105·	443·
·49		5551	5997	6443·	6890	7337·	7785	8233	8681·	9130·	9580	448
4·50	45·	0030	0480·	0931·	1382·	1834·	2286·	2739	3192	3645·	4099·	452·

ψ	cos i ψ	0	1	2	3	4	5	6	7	8	9	Δ
4·50	45·	0141	0591·	1042	1493·	1945	2397	2849·	3302·	3756	4210	452·
·51		4664	5119	5574	6030	6486	6942·	7399·	7857	8315	8773·	456·
·52		9232·	9691·	0̄151·	0̄611·	1̄072·	1̄533·	1̄995·	2̄457·	2̄920	3̄383	461·
·53	46·	3846·	4310·	4775	5240	5705·	6171·	6637·	7104·	7571·	8039	466
·54		8507·	8976	9445	9914·	0̄385	0̄855·	1̄326·	1̄797·	2̄269·	2̄742	470·
4·55	47·	3215	3688	4162	4636·	5111	5586·	6062	6538·	7015	7492	475·
·56		7969·	8448	8926·	9405·	9885	0̄365	0̄845·	1̄326·	1̄808	2̄290	480·
·57	48·	2772·	3255·	3738·	4222·	4707	5191·	5677	6163	6649	7136	485
·58		7623·	8111	8599·	9088	9577·	0̄067	0̄557	1̄048	1̄539	2̄030·	490
·59	49·	2523	3015·	3509	4002·	4496·	4991·	5486·	5982	6478	6974·	494·
4·60	49·	7472	7969·	8467·	8966	9465·	9965	0̄465	0̄965·	1̄466·	1̄968·	499·
·61	50·	2470·	2973	3476·	3980	4484	4988·	5494	5999·	6505·	7012·	504·
·62		7519·	8027	8535·	9044	9553	0̄063	0̄573	1̄084	1̄595	2107	510
·63	51·	2619	3132	3645	4159	4673·	5188	5703·	6219·	6735·	7252·	515
·64		7770	8288	8806·	9325·	9845	0̄365	0̄885·	1̄406·	1̄928	2̄450	520·
4·65	52·	2972·	3496	4019·	4543·	5068·	5593·	6119·	6645·	7172·	7700	525·
·66		8227·	8756	9285	9814·	0̄344·	0̄875	1̄406	1̄937·	2̄469·	3̄002·	530·
·67	53·	3535·	4069·	4603·	5138·	5673·	6209·	6746	7283	7820·	8358·	536
·68		8897	9436	9975·	0̄515·	1̄056·	1̄597·	2̄139·	2̄681·	3̄224·	3̄768	541·
·69	54·	4312	4856·	5401·	5947	6493	7040	7587	8134·	8683	9232	547
4·70	54·	9781·	0̄331·	0̄882	1̄433	1̄984·	2̄536·	3̄089·	3̄642·	4̄196·	4̄751	552·
·71	55·	5306	5861·	6417·	6974	7531	8089	8647	9206	9765·	0̄325·	558
·72	56·	0886	1447	2008·	2570·	3133·	3697	4260·	4825	5390·	5956	563·
·73		6522	7088·	7656	8224	8792·	9361·	9931	0̄501	1̄071·	1̄643	569
·74	57·	2215	2787	3360	3933·	4508	5082·	5658	6233·	6810	7387	575
4·75	57·	7964·	8543	9121·	9701	0̄281	0̄861·	1̄442·	2̄024	2̄606·	3̄189	580·
·76	58·	3772·	4356·	4941	5526	6112	6698	7285	7872·	8460·	9049·	586·
·77		9638·	0̄228·	0̄819	1̄410	2̄001·	2̄593·	3̄186·	3̄780	4̄374	4̄968·	592·
·78	59·	5563·	6159·	6756	7353	7950·	8548·	9147·	9746·	0̄346·	0̄947·	598·
·79	60·	1548·	2150	2752·	3355·	3959	4563·	5168	5773·	6379·	6986	604·
4·80	60·	7593	8201	8809·	9418·	0̄028	0̄638·	1̄249·	1̄860·	2̄473	3̄085·	610·
·81	61·	3699	4312·	4927·	5542·	6158·	6774·	7391·	8009	8627·	9246·	616·
·82		9866	0̄486	1̄106·	1̄728	2̄350	2̄972·	3̄595·	4̄219·	4̄844	5̄469	627·
·83	62·	6095	6721	7348	7975·	8604	9232·	9862	0̄492·	1̄123	1̄754·	629
·84	63·	2386·	3019	3652	4286	4920·	5556	6191·	6828	7465	8103	635·
4·85	63·	8741	9380	0̄019·	0̄660	1̄301	1̄942·	2̄584·	3̄227·	3̄871	4̄515	641·
·86	64·	5160	5805	6451	7098	7745	8393·	9042	9691	0̄341	0̄991·	648·
·87	65·	1643	2295	2947·	3600·	4254·	4909	5564	6220	6876·	7533·	654·
·88		8191·	8849·	9509	0̄168·	0̄829	1̄490	2̄152	2̄814·	3̄477·	4141	661·
·89	66·	4805·	5470·	6136·	6802·	7469·	8137·	8806	9475	0̄144·	0̄815	668
4·90	67·	1486	2158	2830·	3503·	4177	4851·	5526·	6202·	6879	7556	674·
·91		8234	8912·	9591·	0̄271·	0̄952	1̄633·	2̄315	2̄997·	3̄681	4̄365	681·
·92	68·	5049·	5735	6421	7107·	7795	8483	9172	9861	0̄551·	1̄242	688·
·93	69·	1933·	2626	3319	4012·	4706·	5401·	6097·	6793·	7490·	8188·	695·
·94		8887	9586	0̄286	0̄986·	1̄688	2̄390	3̄092·	3̄796	4̄500	5̄204·	702·
4·95	70·	5910	6616·	7323·	8031	8739·	9448·	0̄158	0̄868·	1̄579·	2̄291·	709·
·96	71·	3004	3717·	4431·	5146	5861·	6577·	7294·	8012	8730·	9449·	716·
·97	72·	0169	0889·	1611	2332·	3055·	3778·	4503	5227·	5953	6679·	723·
·98		7406·	8134	8862·	9591·	0̄321·	1̄052	1̄783·	2̄515·	3̄248·	3̄982	730·
·99	73·	4716	5451	6187	6923·	7660·	8398·	9137·	9877	0̄617	1̄358	738·
5·00	74·	2099·	2841·	3585	4329	5073·	5819	6565	7312	8059·	8808	746

ψ	$\frac{1}{i}$ sin i ψ	0	1	2	3	4	5	6	7	8	9	Δ
4·50	45·	0030	0480·	0931·	1382·	1834·	2286·	2739	3192	3645·	4099·	452·
·51		4554	5009	5464·	5920	6376·	6833	7290·	7748	8206	8664·	457
·52		9123·	9583	0̄043	0̄503·	0̄964	1̄425·	1̄887	2̄349·	2̄812	3̄275·	461·
·53	46·	3739	4203	4667·	5132·	5598	6064	6530·	6997·	7464·	7932·	466·
·54		8400·	8869·	9338·	9808	0̄278·	0̄749	1̄220	1̄691·	2̄163·	2̄636	470·
4·55	47·	3109	3582·	4056·	4531	5006	5481	5957	6433·	6910	7387·	475·
·56		7865	8343·	8822	9301·	9781	0̄261	0̄741·	1̄222·	1̄704	2̄186·	480·
·57	48·	2669	3152	3635·	4119·	4604	5088·	5574	6060	6546·	7033·	485·
·58		7520·	8008·	8497	8986	9475	9965	0̄455	0̄946	1̄437·	1̄929	490
·59	49·	2421·	2914	3407·	3901·	4395·	4890·	5385·	5881	6377·	6874	495
4·60	49·	7371·	7869	8367	8866	9365	9865	0̄365	0̄866	1̄367	1̄868·	500
·61	50·	2371	2873·	3377	3880·	4385	4889·	5395	5900·	6407	6913·	504·
·62		7421	7928·	8437	8945·	9455	9965	0̄475	0̄986	1̄497·	2̄009	510
·63	51·	2521·	3034·	3548	4061·	4576	5091	5606·	6122·	6639	7156	515
·64		7673·	8191·	8710	9229	9748·	0̄268·	0̄789·	1̄310·	1̄832	2̄354·	520·
4·65	52·	2877	3400·	3924	4448·	4973	5498·	6024·	6551	7077·	7605	525·
·66		8133	8661·	9190·	9720·	0̄250·	0̄781	1̄312	1̄843·	2̄376	2̄908·	530·
·67	53·	3442	3975·	4510	5045	5580·	6116·	6652·	7189·	7727·	8265·	536
·68		8804	9343	9883	0̄423	0̄964	1̄505·	2̄047	2̄589·	3̄132·	3̄676	541·
·69	54·	4220	4764·	5309·	5855·	6401·	6948·	7495·	8043·	8592	9141	547
4·70	54·	9690·	0̄240·	0̄791	1̄342·	1̄894	2̄446·	2̄999	3̄552·	4̄106·	4̄660·	552·
·71	55·	5216	5771·	6327·	6884·	7441·	7999·	8557·	9116·	9676	0̄236	558
·72	56·	0796·	1358	1919·	2482	3044·	3608	4172	4736·	5302	5867·	563·
·73		6433·	7000·	7568	8136	8704·	9273·	9843	0̄413·	0̄984	1̄555·	569·
·74	57·	2127·	2700	3273	3846·	4421	4995·	5571	6147	6723·	7300·	575
4·75	57·	7878	8456·	9035·	9614·	0̄194·	0̄775·	1̄356·	1̄938	2̄520·	3̄103·	580·
·76	58·	3687	4271	4855·	5440·	6026·	6613	7200	7787·	8375·	8964·	586·
·77		9554	0̄143·	0̄734·	1̄325·	1̄917	2̄509·	3̄102	3̄696	4̄290	4̄884·	592·
·78	59·	5480	6075·	6672	7269	7867	8465	9064	9663·	0̄263·	0̄864	598·
·79	60·	1465·	2067	2669·	3272·	3876·	4480·	5085·	5691	6297	6903·	604·
4·80	60·	7511	8119	8727·	9336·	9946	0̄556·	1̄167·	1̄779	2̄391	3̄004	610·
·81	61·	3617·	4231·	4846	5461·	6077	6693·	7310·	7928·	8546·	9165·	616·
·82		9785	0̄405·	1̄026	1̄647·	2̄269·	2̄892·	3̄515·	4̄139·	4̄764	5̄389	623
·83	62·	6015	6641·	7268·	7896	8524·	9153·	9782·	0̄413	1̄043·	1̄675	629·
·84	63·	2307	2940	3573·	4207	4842	5477	6113	6749·	7386·	8024·	635·
4·85	63·	8663	9302	9941·	0̄582	1̄223	1̄864·	2̄507	3̄149·	3̄793	4̄437·	641·
·86	64·	5082·	5728	6374	7020·	7668	8316	8965	9614	0̄264	0̄915	648·
·87	65·	1566	2218	2871	3524	4178	4832·	5488	6143·	6800	7457·	655
·88		8115·	8774	9433	0̄093	0̄753·	1̄414·	2̄076·	2̄739	3̄402	4̄066	661·
·89	66·	4730·	5395·	6061·	6727·	7395	8062·	8731	9400·	0̄070	0̄740·	668
4·90	67·	1411·	2083·	2756	3429·	4103	4777·	5452·	6128·	6805	7482·	674·
·91		8160	8839	9518	0̄198	0̄878·	1̄560	2̄241·	2̄924·	3̄607·	4̄292	681·
·92	68·	4976·	5662	6348	7035	7722	8410·	9099	9788·	0̄479	1̄170	688·
·93	69·	1861·	2553·	3246·	3940·	4634·	5330	6025·	6722	7419	8117	695·
·94		8815·	9514·	0̄214·	0̄915·	1̄616·	2̄318·	3̄021·	3̄725	4̄429	5̄134	702
4·95	70·	5839·	6545·	7252·	7960·	8668·	9378	0̄087·	0̄798	1̄509·	2̄221·	709·
·96	71·	2934	3647·	4361·	5076	5791·	6508	7225	7942·	8661	9380	716·
·97	72·	0099·	0820·	1541·	2263·	2986	3709·	4433·	5158·	5884	6610·	723·
·98		7337·	8065·	8794	9523	0̄253	0̄983·	1̄715	2̄447	3̄180	3̄913·	731
·99	73·	4648	5383	6119	6855·	7593	8331	9069·	9809	0̄549·	1̄290·	738·
5·00	74·	2032	2774·	3517·	4261·	5006·	5752	6498	7245	7992·	8741	745·

ψ	cos i ψ	0	1	2	3	4	5	6	7	8	9	Δ
5·00	7	4·210	4·284	4·358·	4·433	4·507·	4·582	4·656·	4·731	4·806	4·881	74·
·01		4·955·	5·030·	5·105·	5·181	5·256	5·331·	5·407	5·482	5·557·	5·633·	75·
·02		5·709	5·784·	5·860·	5·936·	6·012·	6·088·	6·164·	6·240·	6·317	6·393·	76
·03		6·470	6·546·	6·623	6·699·	6·776·	6·853	6·930	7·007	7·084	7·161	76·
·04		7·238	7·315	7·393	7·470	7·547·	7·625·	7·703	7·780·	7·858·	7·936·	77·
5·05	7	8·014·	8·092·	8·170·	8·248·	8·327	8·405·	8·484	8·562·	8·641	8·719·	78·
·06		8·798·	8·877	8·956	9·035	9·114·	9·193·	9·272·	9·352	9·431·	9·510·	79
·07		9·590·	9·670	9·749·	9·829·	9·909·	9·989	0̄·069·	0̄·149·	0̄·229·	0̄·309·	80
·08	8	0·390	0·470·	0·551	0·631·	0·712·	0·793	0·874	0·955	1·035·	1·117	80·
·09		1·198	1·279	1·360·	1·442	1·523·	1·605	1·686·	1·768·	1·850	1·932	81·
5·10	8	2·014	2·096	2·178	2·260·	2·342·	2·425	2·507·	2·590	2·672·	2·755·	82·
·11		2·838	2·921	3·004	3·087	3·170	3·253·	3·336·	3·420	3·503·	3·587	83·
·12		3·670·	3·754·	3·838	3·922	4·006	4·090	4·174	4·258·	4·342·	4·427	84
·13		4·511·	4·596	4·680·	4·765·	4·850	4·935	5·020	5·105	5·190·	5·275·	85
·14		5·361	5·446	5·531·	5·617·	5·703	5·788·	5·874·	5·960·	6·046·	6·132·	85·
5·15	8	6·218·	6·305	6·391	6·477·	6·564	6·650·	6·737·	6·824	6·911	6·998	86·
·16		7·085	7·172	7·259·	7·346·	7·434	7·521·	7·609	7·697	7·784·	7·872·	87·
·17		7·960·	8·048·	8·136·	8·224·	8·313	8·401	8·489·	8·578	8·666·	8·755·	88·
·18		8·844	8·933	9·022	9·111	9·200·	9·289·	9·379	9·468·	9·558	9·647·	89·
·19		9·737	9·827	9·916·	0̄·006·	0̄·096·	0̄·187	0̄·277	0̄·367·	0̄·458	0̄·548·	90
5·20	9	0·639	0·729·	0·820·	0·911	1·002	1·093	1·184·	1·275·	1·367	1·458·	91
·21		1·550	1·641·	1·733	1·825	1·916·	2·008·	2·100·	2·193	2·285	2·377·	92
·22		2·470	2·562·	2·655	2·747·	2·840·	2·933·	3·026·	3·119·	3·212·	3·305·	93
·23		3·399	3·492·	3·586	3·679·	3·773·	3·867	3·961	4·055	4·149	4·243·	94
·24		4·337	4·432	4·526·	4·621	4·715·	4·810·	4·905·	5·000·	5·095·	5·190·	95
5·25	9	5·286	5·381	5·476·	5·572	5·667·	5·763·	5·859	5·955	6·051	6·147	95·
·26		6·243·	6·339·	6·436	6·532·	6·629	6·725·	6·822·	6·919·	7·016·	7·113·	96·
·27		7·210·	7·308	7·405	7·502·	7·600	7·698	7·795·	7·893·	7·991·	8·089·	97·
·28		8·187·	8·285·	8·384	8·482·	8·581	8·679·	8·778·	8·877	8·976	9·075	98·
·29		9·174	9·273·	9·372·	9·472	9·571·	9·671·	9·771	9·871	9·971	0̄·071	99·
5·30	10	0·171	0·271	0·371·	0·472	0·572·	0·673	0·773·	0·874·	0·975·	1·076·	100·
·31		1·177·	1·279	1·380	1·481·	1·583	1·684·	1·786·	1·888·	1·990·	2·092·	101·
·32		2·194·	2·296·	2·399	2·501·	2·604	2·706·	2·809·	2·912	3·015	3·118	102·
·33		3·221·	3·324·	3·428	3·531·	3·635	3·739	3·842·	3·946·	4·050·	4·154·	103·
·34		4·259	4·363	4·467·	4·572	4·676·	4·781·	4·886	4·991	5·096	5·201·	104·
5·35	10	5·306·	5·412	5·517·	5·623	5·728·	5·834·	5·940	6·046	6·152·	6·258·	106
·36		6·365	6·471	6·577·	6·684·	6·791	6·898	7·005	7·112	7·219	7·326·	107
·37		7·434	7·541·	7·649	7·756·	7·864·	7·972·	8·080·	8·188·	8·296·	8·405	108
·38		8·513·	8·622	8·730·	8·839·	8·948·	9·057·	9·166·	9·275·	9·385	9·494·	109
·39		9·604	9·713·	9·823·	9·933·	0̄·043·	0̄·153·	0̄·263·	0̄·374	0̄·484·	0̄·595	110
5·40	11	0·705·	0·816·	0·927	1·038	1·149	1·260·	1·371·	1·483	1·594·	1·706·	111·
·41		1·818	1·930	2·042	2·154	2·266	2·378·	2·491	2·603·	2·716	2·829	112·
·42		2·942	3·055	3·168	3·281	3·394·	3·508	3·621·	3·735	3·849	3·963	113·
·43		4·077	4·191	4·305	4·419·	4·534	4·648·	4·763·	4·878	4·993	5·108	114·
·44		5·223·	5·338·	5·454	5·569·	5·685	5·801	5·916·	6·032·	6·148·	6·265	115·
5·45	11	6·381	6·497·	6·614	6·731	6·847·	6·964·	7·081·	7·198·	7·316	7·433·	117
·46		7·551	7·668·	7·786	7·904	8·022	8·140	8·258·	8·376·	8·495	8·613·	118
·47		8·732	8·851	8·970	9·089	9·208	9·327·	9·446·	9·566	9·686	9·805·	119
·48		9·925·	0̄·045·	0̄·165·	0̄·285·	0̄·406	0̄·526·	0̄·647	0̄·768	0̄·888·	1̄·009·	120·
·49	12	1·130·	1·252	1·373	1·494·	1·616	1·738	1·859·	1·981·	2·103·	2·225·	122
5·50	12	2·348	2·470·	2·593	2·715·	2·838·	2·961·	3·084·	3·207·	3·330·	3·454	123

ψ	$\frac{1}{i}\sin i\psi$	0	1	2	3	4	5	6	7	8	9	Δ
5·00	7	4·203	4·277·	4·352	4·426	4·500·	4·575	4·650	4·724·	4·799·	4·874	74·
·01		4·949	5·024	5·099	5·174	5·249·	5·324·	5·400	5·475·	5·551	5·626·	75·
·02		5·702·	5·778	5·854	5·930	6·006	6·082	6·158	6·234	6·310·	6·386·	76
·03		6·463	6·539·	6·616·	6·693	6·769·	6·846·	6·923·	7·000·	7·077·	7·154·	77
·04		7·232	7·309	7·386·	7·464	7·541·	7·619	7·696·	7·774·	7·852	7·930	77·
5·05	7	8·008	8·086	8·164	8·242·	8·320·	8·399	8·477·	8·556	8·634·	8·713·	78·
·06		8·792	8·871	8·950	9·029	9·108	9·187	9·266·	9·345·	9·425	9·504·	79
·07		9·584	9·663·	9·743·	9·823	9·903	9·983	$\bar{0}$·063	$\bar{0}$·143	$\bar{0}$·223·	$\bar{0}$·303·	80
·08	8	0·384	0·464·	0·545	0·625·	0·706	0·787	0·867·	0·948·	1·029·	1·110·	80·
·09		1·192	1·273	1·354·	1·436	1·517·	1·599	1·680·	1·762·	1·844	1·926	81·
5·10	8	2·008	2·090	2·172	2·254·	2·336·	2·419	2·501·	2·584	2·666·	2·749·	82·
·11		2·832	2·915	2·998	3·081	3·164	3·247·	3·330·	3·414	3·497·	3·581	83
·12		3·664·	3·748·	3·832	3·916	4·000	4·084	4·168·	4·252·	4·336·	4·421	84
·13		4·505·	4·590	4·675	4·759·	4·844·	4·929·	5·014·	5·099·	5·184·	5·269·	85
·14		5·355	5·440·	5·526	5·611·	5·697	5·783	5·868·	5·954·	6·040·	6·126·	85·
5·15	8	6·213	6·299	6·385·	6·472	6·558·	6·645	6·731·	6·818·	6·905·	6·992·	86·
·16		7·079·	7·166·	7·253·	7·341	7·428·	7·516	7·603·	7·691	7·779	7·866·	87·
·17		7·954·	8·042·	8·130·	8·219	8·307	8·395·	8·484	8·572·	8·661	8·750	88·
·18		8·838·	8·927·	9·016·	9·105·	9·194·	9·284	9·373·	9·462·	9·552	9·642	89·
·19		9·731·	9·821·	9·911	$\bar{0}$·001	$\bar{0}$·091	$\bar{0}$·181·	$\bar{0}$·271·	$\bar{0}$·362	$\bar{0}$·452·	$\bar{0}$·543	90·
5·20	9	0·633·	0·724	0·815	0·905·	0·996·	1·087·	1·179	1·270	1·361·	1·453	91
·21		1·544·	1·636	1·727·	1·819·	1·911·	2·003·	2·095·	2·187·	2·279·	2·372	92
·22		2·464·	2·557	2·649·	2·742·	2·835	2·928	3·021	3·114	3·207	3·300·	93
·23		3·393·	3·487	3·580·	3·674·	3·768	3·862	3·956	4·050	4·144	4·238	94
·24		4·332·	4·427	4·521·	4·616	4·710·	4·805·	4·900	4·995	5·090	5·185·	95
5·25	9	5·280·	5·376	5·471·	5·566·	5·662·	5·758	5·854	5·950	6·046	6·142	96
·26		6·238	6·334·	6·430·	6·527	6·624	6·720·	6·817·	6·914	7·011	7·108	96·
·27		7·205·	7·302·	7·400	7·497·	7·595	7·692·	7·790·	7·888	7·986	8·084	97·
·28		8·182·	8·280·	8·379	8·477·	8·576	8·674·	8·773·	8·872	8·971	9·070	98·
·29		9·169	9·268·	9·367·	9·467	9·566·	9·666·	9·766	9·866	9·966	$\bar{0}$·066	99·
5·30	10	0·166	0·266	0·366·	0·467	0·567·	0·668	0·768·	0·869·	0·970·	1·071·	100·
·31		1·172·	1·274	1·375	1·476·	1·578	1·680	1·781·	1·883·	1·985·	2·087·	101·
·32		2·189·	2·291·	2·394	2·496·	2·599	2·702	2·804·	2·907·	3·010·	3·113·	102·
·33		3·216·	3·320	3·423·	3·526·	3·630·	3·734	3·838	3·941·	4·045·	4·150	104
·34		4·254	4·358·	4·462·	4·567·	4·672	4·776·	4·881·	4·986·	5·091·	5·196·	104·
5·35	10	5·302	5·407	5·512·	5·618	5·724	5·829·	5·935·	6·041·	6·147·	6·254	105·
·36		6·360	6·466·	6·573	6·679·	6·786·	6·893	7·000	7·107·	7·214·	7·321·	107
·37		7·429	7·536·	7·644	7·752	7·859·	7·967·	8·075·	8·183·	8·292	8·400·	108
·38		8·509	8·617·	8·726	8·835	8·943·	9·052·	9·162	9·271	9·380·	9·490	109
·39		9·599·	9·709	9·819	9·928·	$\bar{0}$·038·	$\bar{0}$·148·	$\bar{0}$·259	$\bar{0}$·369·	$\bar{0}$·479·	$\bar{0}$·590·	110
5·40	11	0·701	0·811·	0·922·	1·033·	1·144·	1·256	1·367	1·478·	1·590	1·702	111·
·41		1·813·	1·925·	2·037·	2·149·	2·262	2·374	2·486·	2·599	2·712	2·824·	112·
·42		2·937·	3·050·	3·163·	3·277	3·390	3·503·	3·617	3·730·	3·844·	3·958·	113·
·43		4·072·	4·186·	4·301	4·415	4·529·	4·644·	4·759	4·873·	4·988·	5·103·	114·
·44		5·219	5·334	5·449·	5·565	5·680·	5·796·	5·912·	6·028·	6·144·	6·260·	116
5·45	11	6·377	6·493·	6·610	6·726·	6·843·	6·960·	7·077·	7·194·	7·311·	7·429	117
·46		7·546·	7·664	7·782	7·900	8·018	8·136	8·254	8·372·	8·490·	8·609·	118
·47		8·728	8·847	8·965·	9·085	9·204	9·323	9·442·	9·562	9·681·	9·801·	119·
·48		9·921·	$\bar{0}$·041·	$\bar{0}$·161·	$\bar{0}$·281·	$\bar{0}$·402	$\bar{0}$·522·	$\bar{0}$·643	$\bar{0}$·763·	$\bar{0}$·884·	$\bar{1}$·005·	120·
·49	12	1·126·	1·247·	1·369	1·490·	1·612	1·733·	1·855·	1·977·	2·099·	2·221·	121·
5·50	12	2·344	2·466·	2·589	2·711·	2·834·	2·957	3·080	3·203·	3·326·	3·450	123

ψ	cos i ψ	0	1	2	3	4	5	6	7	8	9	Δ
5·50	12	2·348	2·470	2·593	2·715	2·838	2·961	3·084	3·207	3·330	3·454	123
·51		3·577	3·701	3·825	3·949	4·073	4·197	4·321	4·445	4·570	4·694	124
·52		4·819	4·944	5·069	5·194	5·319	5·445	5·570	5·696	5·822	5·948	125
·53		6·074	6·200	6·326	6·452	6·579	6·706	6·832	6·959	7·086	7·213	126
·54		7·341	7·468	7·596	7·723	7·851	7·979	8·107	8·235	8·363	8·492	128
5·55	12	8·620	8·749	8·878	9·007	9·136	9·265	9·394	9·524	9·653	9·783	129
·56		9·913	0̄·043	0̄·173	0̄·303	0̄·434	0̄·564	0̄·695	0̄·826	0̄·956	1̄·088	130
·57	13	1·219	1·350	1·481	1·613	1·745	1·876	2·008	2·140	2·273	2·405	132
·58		2·537	2·670	2·803	2·936	3·069	3·202	3·335	3·468	3·602	3·736	133
·59		3·869	4·003	4·137	4·272	4·406	4·540	4·675	4·810	4·945	5·080	134
5·60	13	5·215	5·350	5·485	5·621	5·757	5·893	6·029	6·165	6·301	6·437	136
·61		6·574	6·710	6·847	6·984	7·121	7·258	7·396	7·533	7·671	7·808	137
·62		7·946	8·084	8·222	8·361	8·499	8·638	8·776	8·915	9·054	9·193	138
·63		9·333	9·472	9·612	9·751	9·891	0̄·031	0̄·171	0̄·311	0̄·452	0̄·592	140
·64	14	0·733	0·874	1·015	1·156	1·297	1·438	1·580	1·721	1·863	2·005	141
5·65	14	2·147	2·289	2·432	2·574	2·717	2·860	3·003	3·146	3·289	3·432	143
·66		3·576	3·719	3·863	4·007	4·151	4·296	4·440	4·584	4·729	4·874	144
·67		5·019	5·164	5·309	5·454	5·600	5·746	5·891	6·037	6·183	6·330	145
·68		6·476	6·623	6·769	6·916	7·063	7·210	7·358	7·505	7·653	7·800	147
·69		7·948	8·096	8·244	8·393	8·541	8·690	8·839	8·987	9·137	9·286	148
5·70	14	9·435	9·585	9·734	9·884	0̄·034	0̄·184	0̄·334	0̄·485	0̄·635	0̄·786	150
·71	15	0·937	1·088	1·239	1·390	1·542	1·694	1·845	1·997	2·149	2·301	151
·72		2·454	2·606	2·759	2·912	3·065	3·218	3·371	3·525	3·678	3·832	153
·73		3·986	4·140	4·294	4·449	4·603	4·758	4·913	5·068	5·223	5·378	155
·74		5·534	5·689	5·845	6·001	6·157	6·313	6·470	6·626	6·783	6·940	156
5·75	15	7·097	7·254	7·411	7·569	7·726	7·884	8·042	8·200	8·358	8·517	158
·76		8·675	8·834	8·993	9·152	9·311	9·471	9·630	9·790	9·950	0̄·110	159
·77	16	0·270	0·430	0·591	0·752	0·912	1·073	1·235	1·396	1·557	1·719	161
·78		1·881	2·043	2·205	2·367	2·530	2·692	2·855	3·018	3·181	3·344	162
·79		3·508	3·671	3·835	3·999	4·163	4·327	4·492	4·656	4·821	4·986	164
5·80	16	5·151	5·316	5·482	5·647	5·813	5·979	6·145	6·311	6·478	6·644	166
·81		6·811	6·978	7·145	7·312	7·479	7·647	7·815	7·983	8·151	8·319	167
·82		8·487	8·656	8·825	8·993	9·163	9·332	9·501	9·671	9·841	0̄·010	169
·83	17	0·181	0·351	0·521	0·692	0·863	1·034	1·205	1·376	1·547	1·719	171
·84		1·891	2·063	2·235	2·407	2·580	2·752	2·925	3·098	3·271	3·445	172
5·85	17	3·618	3·792	3·966	4·140	4·314	4·489	4·663	4·838	5·013	5·188	174
·86		5·363	5·539	5·714	5·890	6·066	6·242	6·419	6·595	6·772	6·949	176
·87		7·126	7·303	7·480	7·658	7·836	8·013	8·192	8·370	8·548	8·727	178
·88		8·906	9·085	9·264	9·443	9·623	9·802	9·982	0̄·162	0̄·343	0̄·523	180
·89	18	0·704	0·884	1·065	1·247	1·428	1·609	1·791	1·973	2·155	2·337	181
5·90	18	2·520	2·702	2·885	3·068	3·251	3·435	3·618	3·802	3·986	4·170	183
·91		4·354	4·539	4·723	4·908	5·093	5·278	5·464	5·649	5·835	6·021	185
·92		6·207	6·393	6·580	6·766	6·953	7·140	7·327	7·515	7·703	7·890	187
·93		8·078	8·267	8·455	8·643	8·832	9·021	9·210	9·400	9·589	9·779	189
·94		9·969	0̄·159	0̄·349	0̄·539	0̄·730	0̄·921	1̄·112	1̄·303	1̄·494	1̄·686	191
5·95	19	1·878	2·070	2·262	2·454	2·647	2·840	3·032	3·226	3·419	3·612	192
·96		3·806	4·000	4·194	4·388	4·583	4·778	4·973	5·168	5·363	5·558	194
·97		5·754	5·950	6·146	6·342	6·538	6·735	6·932	7·129	7·326	7·523	196
·98		7·721	7·919	8·117	8·315	8·514	8·712	8·911	9·110	9·309	9·509	199
·99		9·708	9·908	0̄·108	0̄·308	0̄·509	0̄·709	0̄·910	1̄·111	1̄·312	1̄·514	200
6·00	20	1·715	1·917	2·119	2·321	2·524	2·726	2·929	3·132	3·336	3·539	202

ψ	$\frac{1}{i}\sin i\psi$	0	1	2	3	4	5	6	7	8	9	Δ
5·50	12	2·344	2·466·	2·589	2·711·	2·834·	2·957	3·080	3·203·	3·326·	3·450	123
·51		3·573·	3·697	3·821	3·945	4·069	4·193	4·317	4·441·	4·566	4·690·	124
·52		4·815·	4·940·	5·065·	5·190·	5·316	5·441	5·566·	5·692·	5·818	5·944	125·
·53		6·070	6·196	6·322·	6·449	6·575·	6·702	6·828·	6·955·	7·082·	7·209·	126·
·54		7·337	7·464·	7·592	7·719·	7·847·	7·975·	8·103·	8·231·	8·360	8·488·	128
5·55	12	8·617	8·745·	8·874·	9·003·	9·132·	9·261·	9·391	9·520·	9·650	9·779·	129·
·56		9·909·	0̄·039·	0̄·169·	0̄·300	0̄·430	0̄·560·	0̄·691·	0̄·822	0̄·953	1̄·084	130·
·57	13	1·215	1·346·	1·478	1·609·	1·741	1·873	2·005	2·137	2·269	2·401·	132
·58		2·534	2·666·	2·799·	2·932	3·065	3·198·	3·331·	3·465	3·598·	3·732	133
·59		3·866	4·000	4·134	4·268	4·402·	4·537	4·671·	4·806·	4·941	5·076·	134·
5·60	13	5·211·	5·346·	5·482	5·617·	5·753·	5·889	6·025	6·161	6·297·	6·434	136
·61		6·570·	6·707	6·843·	6·980·	7·117·	7·255	7·392	7·529·	7·667·	7·805	137
·62		7·943	8·081	8·219	8·357·	8·496	8·634·	8·773	8·912	9·051	9·190	138·
·63		9·329·	9·468·	9·608·	9·748	9·887·	0̄·027·	0̄·168	0̄·308	0̄·448·	0̄·589	140
·64	14	0·729·	0·870·	1·011·	1·152·	1·293·	1·435	1·576·	1·718·	1·860	2·002	141·
5·65	14	2·144	2·286·	2·428·	2·571	2·713·	2·856·	2·999·	3·142·	3·285·	3·429	143
·66		3·572·	3·716·	3·860	4·004	4·148	4·292·	4·436·	4·581	4·725·	4·870·	144·
·67		5·015·	5·160·	5·306	5·451·	5·596·	5·742·	5·888·	6·034·	6·180·	6·326·	146
·68		6·473	6·619·	6·766·	6·913	7·060	7·207	7·354·	7·502	7·649·	7·797·	147·
·69		7·945	8·093	8·241·	8·389·	8·538	8·686·	8·835·	8·984·	9·133·	9·282·	148·
5·70	14	9·432	9·581·	9·731	9·881	0̄·031	0̄·181	0̄·331·	0̄·482	0̄·632·	0̄·783	150
·71	15	0·934	1·085	1·236	1·387·	1·539	1·690·	1·842·	1·994·	2·146·	2·298·	151·
·72		2·451	2·603·	2·756	2·909	3·062	3·215	3·368·	3·521·	3·675·	3·829	153
·73		3·983	4·137	4·291·	4·445·	4·600	4·755	4·909·	5·064·	5·220	5·375	154·
·74		5·530·	5·686	5·842	5·998	6·154	6·310·	6·466·	6·623	6·780	6·937	156·
5·75	15	7·094	7·251	7·408·	7·566	7·723·	7·881·	8·039	8·197·	8·355·	8·514	158
·76		8·672·	8·831·	8·990·	9·149·	9·308·	9·468	9·627·	9·787	9·947	0̄·107	159·
·77	16	0·267·	0·427·	0·588	0·749	0·909·	1·070·	1·232	1·393	1·554·	1·716·	161
·78		1·878	2·040	2·202	2·364·	2·527	2·689·	2·852·	3·015	3·178·	3·341·	162·
·79		3·505	3·668·	3·832·	3·996·	4·160·	4·324·	4·489	4·653·	4·818·	4·983	164·
5·80	16	5·148·	5·313·	5·479	5·644·	5·810·	5·976	6·142	6·308·	6·475	6·641·	166
·81		6·808	6·975	7·142	7·309·	7·476·	7·644·	7·812	7·980	8·148	8·316	167·
·82		8·484·	8·653	8·822	8·990·	9·160	9·329	9·498·	9·668	9·838	0̄·008	169·
·83	17	0·178	0·348	0·518·	0·689·	0·860	1·031	1·202	1·373·	1·544·	1·716·	171
·84		1·888	2·060	2·232·	2·404·	2·577	2·749·	2·922·	3·095·	3·269	3·442	172·
5·85	17	3·616	3·789·	3·963·	4·137·	4·311·	4·486	4·660·	4·835·	5·010	5·185·	174·
·86		5·360·	5·536	5·711·	5·887·	6·063·	6·239·	6·416	6·592·	6·769	6·946	176·
·87		7·123	7·300·	7·477·	7·655·	7·833	8·011	8·189	8·367·	8·545·	8·724·	178
·88		8·903	9·082	9·261·	9·440·	9·620·	9·800	9·980	0̄·160	0̄·340·	0̄·520·	180
·89	18	0·701·	0·882	1·063	1·244	1·425·	1·607	1·789	1·970·	2·152·	2·335	181·
5·90	18	2·517·	2·700	2·883	3·065·	3·249	3·432·	3·616	3·799·	3·983·	4·167·	183·
·91		4·351·	4·536	4·721	4·905·	5·090·	5·275·	5·461	5·646·	5·832·	6·018·	185·
·92		6·204·	6·391	6·577·	6·764	6·951	7·138	7·325	7·512·	7·700	7·888	187·
·93		8·076	8·264	8·452·	8·641	8·829·	9·018·	9·208	9·397	9·586·	9·776	189
·94		9·966	0̄·156	0̄·346·	0̄·537	0̄·727·	0̄·918·	1̄·109·	1̄·300·	1̄·492	1̄·683·	191
5·95	19	1·875·	2·067·	2·259·	2·452	2·644·	2·837·	3·030	3·223	3·416·	3·610	193
·96		3·804	3·997·	4·192	4·386	4·580·	4·775·	4·970	5·165	5·360·	5·556	195
·97		5·751·	5·947·	6·143·	6·339·	6·536	6·732·	6·929·	7·126·	7·324	7·521·	196·
·98		7·719	7·916·	8·114·	8·313	8·511·	8·710	8·909	9·108	9·307	9·506·	198·
·99		9·706	9·906	0̄·106	0̄·306	0̄·506·	0̄·707	0̄·908	1̄·109	1̄·310	1̄·511·	200·
6·00	20	1·713	1·915	2·117	2·319·	2·521·	2·724·	2·927	3·130	3·333·	3·536·	202·

ψ	cos i	ψ 0	1	2	3	4	5	6	7	8	9	Δ
6·00	20	1·715	1·917	2·119	2·321	2·524	2·726	2·929	3·132	3·336	3·539	202
·01		3·743	3·946	4·151	4·355	4·559	4·764	4·969	5·174	5·379	5·585	204
·02		5·790	5·996	6·202	6·409	6·615	6·822	7·029	7·236	7·443	7·651	206
·03		7·858	8·066	8·275	8·483	8·692	8·900	9·109	9·318	9·528	9·738	209
·04		9·947	$\bar{0}$·157	$\bar{0}$·368	$\bar{0}$·578	$\bar{0}$·789	$\bar{1}$·000	$\bar{1}$·211	$\bar{1}$·422	$\bar{1}$·634	$\bar{1}$·845	211
6·05	21	2·057	2·270	2·482	2·695	2·907	3·120	3·334	3·547	3·761	3·975	213
·06		4·189	4·403	4·617	4·832	5·047	5·262	5·478	5·693	5·909	6·125	215
·07		6·341	6·558	6·774	6·991	7·208	7·426	7·643	7·861	8·079	8·297	217
·08		8·515	8·734	8·953	9·172	9·391	9·611	9·830	$\bar{0}$·050	$\bar{0}$·271	$\bar{0}$·491	219
·09	22	0·712	0·932	1·153	1·375	1·596	1·818	2·040	2·262	2·484	2·707	221
6·10	22	2·930	3·153	3·376	3·600	3·823	4·047	4·271	4·496	4·720	4·945	224
·11		5·170	5·396	5·621	5·847	6·073	6·299	6·525	6·752	6·979	7·206	226
·12		7·433	7·661	7·888	8·117	8·345	8·573	8·802	9·031	9·260	9·489	228
·13		9·719	9·949	$\bar{0}$·179	$\bar{0}$·409	$\bar{0}$·640	$\bar{0}$·870	$\bar{1}$·101	$\bar{1}$·333	$\bar{1}$·564	$\bar{1}$·796	231
·14	23	2·028	2·260	2·492	2·725	2·958	3·191	3·424	3·658	3·891	4·125	233
6·15	23	4·360	4·594	4·829	5·064	5·299	5·534	5·770	6·006	6·242	6·478	235
·16		6·715	6·952	7·189	7·426	7·664	7·901	8·139	8·378	8·616	8·855	238
·17		9·094	9·333	9·573	9·812	$\bar{0}$·052	$\bar{0}$·292	$\bar{0}$·533	$\bar{0}$·773	$\bar{1}$·014	$\bar{1}$·255	240
·18	24	1·497	1·738	1·980	2·222	2·465	2·707	2·950	3·193	3·436	3·680	242
·19		3·924	4·168	4·412	4·657	4·901	5·147	5·392	5·637	5·883	6·129	245
6·20	24	6·375	6·622	6·869	7·115	7·363	7·610	7·858	8·106	8·354	8·603	247
·21		8·851	9·100	9·350	9·599	9·849	$\bar{0}$·099	$\bar{0}$·349	$\bar{0}$·599	$\bar{0}$·850	$\bar{1}$·101	250
·22	25	1·352	1·604	1·856	2·108	2·360	2·612	2·865	3·118	3·371	3·625	252
·23		3·878	4·132	4·387	4·641	4·896	5·151	5·406	5·662	5·918	6·174	255
·24		6·430	6·687	6·943	7·200	7·458	7·715	7·973	8·231	8·490	8·748	257
6·25	25	9·007	9·266	9·526	9·785	$\bar{0}$·045	$\bar{0}$·305	$\bar{0}$·566	$\bar{0}$·827	$\bar{1}$·087	$\bar{1}$·349	260
·26	26	1·610	1·872	2·134	2·396	2·659	2·921	3·184	3·448	3·711	3·975	263
·27		4·239	4·504	4·768	5·033	5·298	5·564	5·830	6·096	6·362	6·628	265
·28		6·895	7·162	7·429	7·697	7·965	8·233	8·501	8·770	9·039	9·308	268
·29		9·577	9·847	$\bar{0}$·117	$\bar{0}$·387	$\bar{0}$·658	$\bar{0}$·929	$\bar{1}$·200	$\bar{1}$·471	$\bar{1}$·743	$\bar{2}$·014	271
6·30	27	2·287	2·559	2·832	3·105	3·378	3·651	3·925	4·199	4·474	4·748	273
·31		5·023	5·298	5·574	5·849	6·125	6·402	6·678	6·955	7·232	7·509	276
·32		7·787	8·065	8·343	8·622	8·901	9·180	9·459	9·738	$\bar{0}$·018	$\bar{0}$·298	279
·33	28	0·579	0·860	1·141	1·422	1·704	1·985	2·267	2·550	2·833	3·116	282
·34		3·399	3·682	3·966	4·250	4·535	4·819	5·104	5·389	5·675	5·961	284
6·35	28	6·247	6·533	6·820	7·107	7·394	7·682	7·970	8·258	8·546	8·835	287
·36		9·124	9·413	9·703	9·992	$\bar{0}$·283	$\bar{0}$·573	$\bar{0}$·864	$\bar{1}$·155	$\bar{1}$·446	$\bar{1}$·738	290
·37	29	2·030	2·322	2·614	2·907	3·200	3·493	3·787	4·081	4·375	4·670	293
·38		4·964	5·260	5·555	5·851	6·147	6·443	6·739	7·036	7·334	7·631	296
·39		7·929	8·227	8·525	8·824	9·123	9·422	9·722	$\bar{0}$·022	$\bar{0}$·322	$\bar{0}$·622	299
6·40	30	0·923	1·224	1·525	1·827	2·129	2·431	2·734	3·037	3·340	3·644	302
·41		3·947	4·252	4·556	4·861	5·166	5·471	5·777	6·083	6·389	6·695	305
·42		7·002	7·309	7·617	7·924	8·233	8·541	8·850	9·159	9·468	9·778	308
·43	31	0·088	0·398	0·708	1·019	1·330	1·642	1·954	2·266	2·578	2·891	311
·44		3·204	3·517	3·831	4·145	4·459	4·774	5·089	5·404	5·720	6·035	314
6·45	31	6·352	6·668	6·985	7·302	7·620	7·937	8·255	8·574	8·893	9·212	318
·46		9·531	9·851	$\bar{0}$·171	$\bar{0}$·491	$\bar{0}$·812	$\bar{1}$·133	$\bar{1}$·454	$\bar{1}$·776	$\bar{2}$·098	$\bar{2}$·420	321
·47	32	2·742	3·065	3·388	3·712	4·036	4·360	4·685	5·009	5·335	5·660	324
·48		5·986	6·312	6·639	6·965	7·293	7·620	7·948	8·276	8·604	8·933	327
·49		9·262	9·592	9·921	$\bar{0}$·251	$\bar{0}$·582	$\bar{0}$·913	$\bar{1}$·244	$\bar{1}$·575	$\bar{1}$·907	$\bar{2}$·239	330
6·50	33	2·571	2·904	3·237	3·571	3·904	4·238	4·573	4·908	5·243	5·578	334

ψ	$\frac{1}{i}\sin i\psi$	0	1	2	3	4	5	6	7	8	9	Δ
6·00	20	1·713	1·915	2·117	2·319·	2·521·	2·724·	2·927	3·130	3·333·	3·536·	202·
·01		3·740·	3·944·	4·148·	4·352·	4·557	4·761·	4·966·	5·171·	5·377	5·582·	204·
·02		5·788	5·994	6·200	6·406·	6·613	6·819·	7·026·	7·233·	7·441	7·648·	207
·03		7·856·	8·064·	8·272·	8·481	8·689·	8·898	9·107	9·316·	9·526	9·735·	209
·04		9·945·	$\bar{0}$·155·	$\bar{0}$·365·	$\bar{0}$·576	$\bar{0}$·787	$\bar{0}$·997·	$\bar{1}$·208·	$\bar{1}$·420	$\bar{1}$·631·	$\bar{1}$·843·	211
6·05	21	2·055·	2·267·	2·480	2·692·	2·905	3·118·	3·331·	3·545	3·758·	3·972·	213
·06		4·186·	4·401	4·615·	4·830	5·045	5·260	5·475·	5·691	5·907	6·123	215·
·07		6·339	6·555·	6·772·	6·989·	7·206·	7·423·	7·641	7·859	8·077	8·295	217·
·08		8·513·	8·732	8·951	9·170	9·389·	9·609	9·828·	$\bar{0}$·048·	$\bar{0}$·268·	$\bar{0}$·489	219·
·09	22	0·709·	0·930·	1·151·	1·372·	1·594·	1·816	2·038	2·260	2·482·	2·705	222
6·10	22	2·928	3·151	3·374	3·597·	3·821·	4·045	4·269·	4·493·	4·718·	4·943	224
·11		5·168	5·393·	5·619	5·844·	6·070·	6·297	6·523·	6·750	6·977	7·204	226·
·12		7·431	7·658·	7·886·	8·114·	8·343	8·571·	8·800	9·029	9·258	9·487·	228·
·13		9·717	9·947	$\bar{0}$·177	$\bar{0}$·407	$\bar{0}$·637·	$\bar{0}$·868·	$\bar{1}$·099·	$\bar{1}$·330·	$\bar{1}$·562	$\bar{1}$·794	231
·14	23	2·025·	2·258	2·490	2·723	2·955·	3·189	3·422	3·655·	3·889·	4·123·	233
6·15	23	4·357·	4·592	4·827	5·061·	5·297	5·532·	5·768	6·004	6·240	6·476·	235·
·16		6·713	6·950	7·187	7·424	7·661·	7·899·	8·137·	8·376	8·614·	8·853	238
·17		9·092	9·331·	9·570·	9·810·	$\bar{0}$·050·	$\bar{0}$·290·	$\bar{0}$·531	$\bar{0}$·771·	$\bar{1}$·012·	$\bar{1}$·253·	240·
·18	24	1·495	1·736·	1·978·	2·220·	2·463	2·705·	2·948·	3·191·	3·434·	3·678	242·
·19		3·922	4·166	4·410·	4·655	4·899·	5·144·	5·390	5·635·	5·881·	6·127·	245
6·20	24	6·373·	6·620	6·866·	7·113·	7·361	7·608·	7·856	8·104	8·352·	8·601	247·
·21		8·849·	9·098·	9·348	9·597	9·847	$\bar{0}$·097	$\bar{0}$·347	$\bar{0}$·597·	$\bar{0}$·848·	$\bar{1}$·099·	250
·22	25	1·350·	1·602	1·854	2·106	2·358	2·610·	2·863·	3·116·	3·369·	3·623	252·
·23		3·877	4·131	4·385	4·639·	4·894·	5·149·	5·404·	5·660·	5·916	6·172	255·
·24		6·428·	6·685	6·941·	7·198·	7·456	7·713·	7·971·	8·229·	8·488	8·746·	257·
6·25	25	9·005·	9·264·	9·524	9·783·	$\bar{0}$·043·	$\bar{0}$·303·	$\bar{0}$·564	$\bar{0}$·825	$\bar{1}$·086	$\bar{1}$·347	260·
·26	26	1·608·	1·870·	2·132·	2·394·	2·657	2·920	3·183	3·446·	3·710	3·973·	263
·27		4·237·	4·502	4·766·	5·031·	5·297	5·562·	5·828	6·094	6·360	6·626·	265·
·28		6·893·	7·160·	7·427·	7·695·	7·963	8·231·	8·499·	8·768·	9·037	9·306·	268·
·29		9·575·	9·845·	$\bar{0}$·115·	$\bar{0}$·385·	$\bar{0}$·656	$\bar{0}$·927	$\bar{1}$·198	$\bar{1}$·469·	$\bar{1}$·741	$\bar{2}$·013	271
6·30	27	2·285	2·557·	2·830	3·103	3·376·	3·650	3·923·	4·197·	4·472	4·746·	273·
·31		5·021·	5·296·	5·572	5·848	6·124	6·400	6·676·	6·953·	7·230·	7·508	276·
·32		7·785·	8·063·	8·341·	8·620·	8·899	9·178	9·457·	9·737	$\bar{0}$·017	$\bar{0}$·297	279
·33	28	0·577·	0·858	1·139	1·420·	1·702	1·984	2·266	2·548·	2·831	3·114	282
·34		3·397·	3·681	3·964·	4·249	4·533	4·818	5·103	5·388	5·673·	5·959·	284·
6·35	28	6·245·	6·532	6·818·	7·105·	7·393	7·680·	7·968	8·256·	8·544·	8·833·	287·
·36		9·122·	9·411·	9·701	9·991	$\bar{0}$·281	$\bar{0}$·571·	$\bar{0}$·862·	$\bar{1}$·153·	$\bar{1}$·444·	$\bar{1}$·736	290·
·37	29	2·028	2·320·	2·612·	2·905·	3·198·	3·492	3·785·	4·079·	4·373·	4·668	293·
·38		4·963	5·258	5·553·	5·849	6·145	6·441·	6·738	7·035	7·332	7·629·	296·
·39		7·927	8·225·	8·524	8·822·	9·121·	9·421	9·720·	$\bar{0}$·020·	$\bar{0}$·320·	$\bar{0}$·621	299·
6·40	30	0·921·	1·223	1·524	1·826	2·128	2·430	2·732·	3·035·	3·338·	3·642	302·
·41		3·946	4·250	4·554·	4·859	5·164·	5·469·	5·775	6·081	6·387·	6·694	305·
·42		7·000·	7·308	7·615·	7·923	8·231	8·539·	8·848·	9·157·	9·466·	9·776·	308·
·43	31	0·086	0·396·	0·707	1·018	1·329	1·640·	1·952·	2·264·	2·577	2·889·	311·
·44		3·202·	3·516	3·829·	4·143·	4·458	4·772·	5·087·	5·402·	5·718·	6·034	315
6·45	31	6·350·	6·667	6·983·	7·301	7·618·	7·936	8·254	8·572·	8·891·	9·210·	318
·46		9·529·	9·849·	$\bar{0}$·169·	$\bar{0}$·490	$\bar{0}$·810·	$\bar{1}$·131·	$\bar{1}$·452·	$\bar{1}$·774·	$\bar{2}$·096·	$\bar{2}$·418·	321
·47	32	2·741	3·064	3·387·	3·711	4·034·	4·359	4·683·	5·008·	5·333·	5·659	324·
·48		5·984·	6·311	6·637·	6·964	7·291·	7·618·	7·946·	8·274·	8·603	8·932	327·
·49		9·261	9·590·	9·920	$\bar{0}$·250	$\bar{0}$·580·	$\bar{0}$·911·	$\bar{1}$·242·	$\bar{1}$·574	$\bar{1}$·905·	$\bar{2}$·237·	331
6·50	33	2·570	2·903	3·236	3·569·	3·903	4·237	4·571·	4·906·	5·241·	5·576·	334·

ψ	cos i ψ	0	1	2	3	4	5	6	7	8	9	Δ
6·50	33	2·571·	2·904·	3·237·	3·571	3·904·	4·238·	4·573	4·908	5·243	5·578·	334
·51		5·914	6·250	6·586·	6·923·	7·260·	7·597·	7·935·	8·273·	8·612	8·951	337·
·52		9·290	9·629·	9·969	0̄·309·	0̄·650	0̄·990·	1̄·331·	1̄·673	2̄·015	2̄·357·	341
·53	34	2·700	3·042·	3·386	3·729·	4·073·	4·417·	4·762	5·107	5·452·	5·798	345
·54		6·144	6·490·	6·837	7·184	7·531·	7·879	8·227	8·575·	8·924·	9·273·	347·
6·55	34	9·623	9·972·	0̄·322·	0̄·673	1̄·024	1̄·375	1̄·727	2̄·078·	2̄·431	2̄·783·	351·
·56	35	3·136·	3·490	3·843·	4·197·	4·552	4·906·	5·261·	5·617	5·973	6·329	355
·57		6·685·	7·042·	7·399·	7·757·	8·115·	8·473·	8·832	9·191	9·550·	9·910·	358·
·58	36	0·270·	0·631	0·991·	1·353	1·714·	2·076·	2·438·	2·801	3·164	3·527·	362
·59		3·891	4·255	4·619·	4·984·	5·349·	5·715	6·081	6·447·	6·814	7·181	365·
6·60	36	7·548·	7·916	8·284	8·652·	9·021·	9·390·	9·760	0̄·130	0̄·500·	0̄·871	369·
·61	37	1·242	1·613·	1·985·	2·357·	2·730	3·103	3·476·	3·850	4·224	4·598·	373
·62		4·973	5·348·	5·724	6·100	6·476	6·852·	7·230	7·607	7·985	8·363	376·
·63		8·741·	9·120·	9·500	9·879·	0̄·259·	0̄·640	1̄·021	1̄·402·	1̄·784	2̄·166	381
·64	38	2·548	2·931	3·314	3·697·	4·081·	4·465·	4·850·	5·235·	5·621	6·006·	384·
6·65	38	6·393	6·779·	7·166·	7·553·	7·941·	8·329·	8·718	9·107	9·496·	9·886	388·
·66	39	0·276	0·666·	1·057·	1·448·	1·840·	2·232·	2·625	3·017·	3·411	3·804·	392
·67		4·198·	4·593	4·987·	5·382·	5·778·	6·174·	6·570·	6·967·	7·364·	7·762	396
·68		8·160	8·558·	8·957·	9·356·	9·756	0̄·156	0̄·556·	0̄·957	1̄·358	1̄·759·	400
·69	40	2·161·	2·564	2·967	3·370	3·773·	4·177·	4·582	4·986·	5·392	5·797·	404
6·70	40	6·203·	6·610	7·016·	7·424	7·831·	8·239·	8·648	9·057	9·466	9·876	408
·71	41	0·286	0·696·	1·107·	1·518·	1·930·	2·342·	2·755	3·168	3·581·	3·995	412·
·72		4·409·	4·824	5·239	5·654·	6·070·	6·486·	6·903·	7·320·	7·738	8·156	416·
·73		8·574	8·993	9·412	9·832	0̄·252	0̄·672·	1̄·093	1̄·514·	1̄·936·	2̄·358·	420·
·74	42	2·781	3·204	3·627·	4·051·	4·475·	4·900	5·325·	5·751	6·177	6·603	425
6·75	42	7·030	7·457·	7·885	8·313	8·741·	9·170·	9·600	0̄·029·	0̄·460	0̄·890·	429·
·76	43	1·321·	1·753·	2·185	2·617·	3·050·	3·483·	3·917·	4·351·	4·786	5·221	433·
·77		5·656·	6·092·	6·528·	6·965·	7·402·	7·840·	8·278·	8·717	9·155·	9·595	437·
·78	44	0·035	0·475	0·916	1·357	1·798·	2·240·	2·683	3·126	3·569·	4·013	442·
·79		4·457·	4·902	5·347	5·792·	6·238·	6·685	7·132	7·579·	8·027·	8·475·	446·
6·80	44	8·924	9·373·	9·823	0̄·273	0̄·723·	1̄·174·	1̄·626	2̄·078	2̄·530	2̄·983	451
·81	45	3·436	3·889·	4·344	4·798·	5·253·	5·709	6·165	6·621·	7·078	7·535·	455·
·82		7·993	8·451·	8·910	9·369	9·828·	0̄·289	0̄·749·	1̄·210·	1̄·671·	2̄·133·	460·
·83	46	2·596	3·058·	3·522	3·986	4·450	4·914·	5·380	5·845·	6·311·	6·778	464·
·84		7·245	7·712·	8·180·	8·649	9·118	9·587	0̄·057	0̄·527·	0̄·998	1̄·469·	469·
6·85	47	1·941	2·413·	2·886	3·359	3·832·	4·306·	4·781	5·256	5·731·	6·207·	474·
·86		6·684	7·161	7·638·	8·116·	8·594·	9·073·	9·553	0̄·032·	0̄·513	0̄·993·	479
·87	48	1·475	1·956·	2·438·	2·921·	3·404·	3·888	4·372·	4·857	5·342	5·827·	483·
·88		6·313·	6·800	7·287·	7·775	8·263	8·751·	9·240·	9·730	0̄·219·	0̄·710·	488·
·89	49	1·201	1·692·	2·184·	2·677	3·170	3·663·	4·157·	4·651·	5·146·	5·642	493·
6·90	49	6·138	6·634·	7·131	7·628·	8·126·	8·625	9·123·	9·623	0̄·123	0̄·623·	498·
·91	50	1·124	1·625·	2·127·	2·629·	3·132·	3·636	4·140	4·644·	5·149	5·654·	503·
·92		6·160·	6·667	7·174	7·681·	8·189	8·697·	9·206·	9·716	0̄·226	0̄·736·	508·
·93	51	1·247·	1·759	2·271	2·783·	3·296·	3·810	4·324	4·838·	5·354	5·869·	513·
·94		6·385·	6·902·	7·419·	7·937	8·455·	8·974	9·493	0̄·013	0̄·533·	1̄·054	519
6·95	52	1·575·	2·097	2·619·	3·142·	3·666	4·189·	4·714	5·239	5·764·	6·290·	524
·96		6·817	7·344·	7·872	8·400	8·928·	9·458	9·987·	0̄·518	1̄·048·	1̄·580	529·
·97	53	2·112	2·644	3·177	3·710·	4·244·	4·779	5·314	5·849·	6·385·	6·922·	534·
·98		7·459·	7·997·	8·535·	9·074·	9·613·	0̄·153·	0̄·694	1̄·235	1̄·776·	2̄·318·	540
·99	54	2·861	3·404·	3·948	4·492·	5·037	5·582·	6·128	6·674·	7·221·	7·769	545·
7·00	54	8·317	8·865·	9·414·	9·964·	0̄·514·	1̄·065·	1̄·617	2̄·168·	2̄·721	3̄·274	551

ψ	$\frac{1}{i}\sin i\psi$	0	1	2	3	4	5	6	7	8	9	Δ
6·50	33	2·570	2·903	3·236	3·569˙	3·903	4·237	4·571˙	4·906˙	5·241˙	5·576˙	334˙
·51		5·912˙	6·248˙	6·585	6·922	7·259	7·596˙	7·934	8·272	8·610˙	8·949˙	337˙
·52		9·288˙	9·628	9·968	0̄·308	0̄·648˙	0̄·989˙	1̄·330˙	1̄·672	2̄·013˙	2̄·356	341
·53	34	2·698˙	3·041˙	3·384˙	3·728	4·072	4·416	4·761	5·105˙	5·451	5·796˙	344˙
·54		6·142˙	6·489	6·835˙	7·182˙	7·530	7·877˙	8·225˙	8·574	8·923	9·272	348
6·55	34	9·621˙	9·971	0̄·321˙	0̄·672	1̄·022˙	1̄·374	1̄·725˙	2̄·077˙	2̄·429˙	2̄·782	351˙
·56	35	3·135	3·488˙	3·842	4·196	4·550˙	4·905˙	5·260˙	5·616	5·971˙	6·327˙	355
·57		6·684	7·041	7·398˙	7·756	8·114	8·472	8·830˙	9·190	9·549	9·909	358˙
·58	36	0·269	0·629˙	0·990˙	1·351˙	1·713	2·075	2·437	2·799˙	3·162˙	3·526	362
·59		3·889˙	4·254	4·618˙	4·983	5·348˙	5·714	6·079˙	6·446	6·812˙	7·179˙	365˙
6·60	36	7·547	7·914˙	8·282˙	8·651˙	9·020	9·389˙	9·759	0̄·128˙	0̄·499	0̄·869˙	369˙
·61	37	1·241	1·612˙	1·984	2·356˙	2·729	3·101˙	3·475	3·848˙	4·222˙	4·597	373
·62		4·972	5·347	5·722˙	6·098˙	6·475	6·851˙	7·228˙	7·606	7·983˙	8·362	377
·63		8·740˙	9·119˙	9·498˙	9·878˙	0̄·258˙	0̄·639	1̄·019˙	1̄·401	1̄·782˙	2̄·164˙	380˙
·64	38	2·547	2·929˙	3·312˙	3·696	4·080	4·464˙	4·849	5·234	5·619˙	6·005˙	384˙
6·65	38	6·391˙	6·778	7·165	7·552˙	7·940	8·328˙	8·717	9·105˙	9·495	9·884˙	388˙
·66	39	0·275	0·665˙	1·056	1·447˙	1·839	2·231	2·623˙	3·016˙	3·409˙	3·803	392˙
·67		4·197	4·591˙	4·986˙	5·381˙	5·777	6·173	6·569˙	6·966˙	7·363˙	7·761	396
·68		8·159	8·557˙	8·956	9·355˙	9·755	0̄·154˙	0̄·555	0̄·956	1̄·357	1̄·758˙	400
·69	40	2·160˙	2·563	2·965˙	3·369	3·772˙	4·176˙	4·580˙	4·985˙	5·391	5·796˙	404
6·70	40	6·202˙	6·608˙	7·015˙	7·423	7·830˙	8·238˙	8·647	9·055˙	9·465	9·874˙	408
·71	41	0·284˙	0·695	1·106	1·517˙	1·929	2·341˙	2·754	3·167	3·580	3·994	412˙
·72		4·408	4·823	5·238	5·653˙	6·069	6·485˙	6·902	7·319	7·736˙	8·154˙	416˙
·73		8·573	8·992	9·411	9·830˙	0̄·250˙	0̄·671	1̄·092	1̄·513˙	1̄·935	2̄·357	420˙
·74	42	2·780	3·203	3·626	4·050	4·474˙	4·899	5·324	5·749˙	6·175˙	6·602	425
6·75	42	7·029	7·456	7·883˙	8·312	8·740˙	9·169˙	9·598˙	0̄·028˙	0̄·458˙	0̄·889˙	429
·76	43	1·320˙	1·752	2·184	2·616˙	3·049˙	3·482˙	3·916˙	4·350˙	4·785	5·220	433˙
·77		5·655˙	6·091˙	6·527˙	6·964˙	7·401˙	7·839	8·277	8·715˙	9·154˙	9·594	437˙
·78	44	0·034	0·474	0·914˙	1·356	1·797˙	2·239˙	2·682	3·125	3·568	4·012	442˙
·79		4·456	4·901	5·346	5·791˙	6·237˙	6·684	7·131	7·578˙	8·026	8·474˙	447
6·80	44	8·923	9·372˙	9·822	0̄·272	0̄·722˙	1̄·173˙	1̄·624˙	2̄·076˙	2̄·529	2̄·981˙	451
·81	45	3·435	3·888˙	4·342˙	4·797˙	5·252˙	5·708	6·163˙	6·620	7·077	7·534˙	455˙
·82		7·992	8·450˙	8·909	9·368	9·827˙	0̄·287˙	0̄·748	1̄·209	1̄·670˙	2̄·132˙	460
·83	46	2·595	3·058	3·521	3·984˙	4·449	4·913˙	5·378˙	5·844˙	6·310˙	6·777	464˙
·84		7·244	7·711˙	8·179˙	8·648	9·116˙	9·586	0̄·056	0̄·526˙	0̄·997	1̄·468	469˙
6·85	47	1·940	2·412	2·885	3·358	3·831˙	4·305˙	4·780	5·255	5·730˙	6·206˙	474˙
·86		6·683	7·160	7·637˙	8·115˙	8·593˙	9·072˙	9·551˙	0̄·031˙	0̄·512	0̄·992˙	479
·87	48	1·474	1·955˙	2·437˙	2·920˙	3·403˙	3·887	4·371˙	4·856	5·341	5·826˙	484
·88		6·312˙	6·799˙	7·286˙	7·774	8·262	8·750˙	9·239˙	9·729	0̄·218˙	0̄·709˙	488˙
·89	49	1·200	1·691˙	2·183˙	2·676	3·169	3·662˙	4·156˙	4·650˙	5·145˙	5·641	493˙
6·90	49	6·137	6·633˙	7·130	7·627˙	8·125˙	8·624	9·122˙	9·622	0̄·122	0̄·622˙	498˙
·91	50	1·123	1·624˙	2·126˙	2·628˙	3·131˙	3·635	4·139	4·643˙	5·148	5·653˙	503˙
·92		6·159˙	6·666	7·173	7·680˙	8·188˙	8·696˙	9·205˙	9·715	0̄·225	0̄·735˙	508˙
·93	51	1·246˙	1·758	2·270	2·782˙	3·295˙	3·809	4·323	4·837˙	5·353	5·868˙	513˙
·94		6·384˙	6·901˙	7·418˙	7·936	8·454˙	8·973	9·492	0̄·012	0̄·532˙	1̄·053	519
6·95	52	1·574˙	2·096˙	2·618˙	3·141˙	3·665	4·189	4·713	5·238	5·763˙	6·289˙	524
·96		6·816˙	7·343˙	7·871	8·399	8·928	9·457	9·986˙	0̄·517	1̄·047˙	1̄·579	529˙
·97	53	2·111	2·643˙	3·176	3·709˙	4·243˙	4·778	5·313	5·849	6·385	6·921˙	534˙
·98		7·458˙	7·996˙	8·534˙	9·073˙	9·613	0̄·152˙	0̄·693	1̄·234	1̄·775˙	2̄·317˙	540
·99	54	2·860˙	3·403˙	3·947	4·491˙	5·036	5·581˙	6·127˙	6·673˙	7·220˙	7·768	545˙
7·00	54	8·316	8·864˙	9·414	9·963˙	0̄·514	1̄·064˙	1̄·616	2̄·168	2̄·720˙	3̄·273˙	551

ψ	cos i ψ	0	1	2	3	4	5	6	7	8	9	Δ
7·00	54	8·317	8·865·	9·414·	9·964·	$\bar{0}$·514·	$\bar{1}$·065·	$\bar{1}$·617	$\bar{2}$·168·	$\bar{2}$·721	$\bar{3}$·274	551
·01	55	3·827·	4·382	4·936·	5·491·	6·047·	6·604	7·160·	7·718	8·276	8·834·	556·
·02		9·394	9·953·	$\bar{0}$·513·	$\bar{1}$·074·	$\bar{1}$·636	$\bar{2}$·197·	$\bar{2}$·760	$\bar{3}$·323	$\bar{3}$·886·	$\bar{4}$·451	561·
·03	56	5·015·	5·581	6·147	6·713·	7·280·	7·848	8·416	8·984·	9·554	$\bar{0}$·124	567·
·04	57	0·694	1·265	1·837	2·409	2·981·	3·555	4·128·	4·703	5·278	5·853·	573·
7·05	57	6·430	7·006·	7·584	8·161·	8·740	9·319	9·898·	$\bar{0}$·479	$\bar{1}$·059·	$\bar{1}$·641	579·
·06	58	2·223	2·805·	3·388·	3·972·	4·556·	5·141·	5·726·	6·312·	6·899·	7·486·	585
·07		8·074·	8·662·	9·251·	9·841·	$\bar{0}$·431·	$\bar{1}$·022	$\bar{1}$·613·	$\bar{2}$·205·	$\bar{2}$·798	$\bar{3}$·391	591
·08	59	3·984·	4·579	5·174	5·769·	6·365·	6·962	7·559·	8·157	8·755·	9·354·	597
·09		9·954·	$\bar{0}$·554·	$\bar{1}$·155·	$\bar{1}$·757	$\bar{2}$·359	$\bar{2}$·961·	$\bar{3}$·565	$\bar{4}$·168·	$\bar{4}$·773	$\bar{5}$·378	603
7·10	60	5·984	6·590	7·197	7·804·	8·412·	9·021·	9·630·	$\bar{0}$·240·	$\bar{0}$·851·	$\bar{1}$·462·	609
·11	61	2·074	2·686·	3·299·	3·913	4·527·	5·142·	5·757·	6·373·	6·990·	7·607·	615
·12		8·225·	8·844	9·463·	$\bar{0}$·083	$\bar{0}$·703·	$\bar{1}$·324·	$\bar{1}$·946	$\bar{2}$·568·	$\bar{3}$·191	$\bar{3}$·815	620·
·13	62	4·439	5·063·	5·689	6·315	6·941·	7·569	8·196·	8·825·	9·454·	$\bar{0}$·084	627·
·14	63	0·714·	1·345·	1·977·	2·609·	3·242·	3·876	4·510·	5·145	5·780·	6·416·	634
7·15	63	7·053·	7·691	8·329	8·967·	9·606·	$\bar{0}$·246·	$\bar{0}$·887·	$\bar{1}$·528·	$\bar{2}$·170	$\bar{2}$·813	640
·16	64	3·456	4·099·	4·744	5·389	6·035	6·681·	7·328·	7·976	8·624	9·273	647
·17		9·922·	$\bar{0}$·573	$\bar{1}$·224	$\bar{1}$·875·	$\bar{2}$·527·	$\bar{3}$·180·	$\bar{3}$·834	$\bar{4}$·488	$\bar{5}$·143	$\bar{5}$·798·	653
·18	65	6·454·	7·111·	7·769	8·427	9·085·	9·745	$\bar{0}$·405	$\bar{1}$·066	$\bar{1}$·727	$\bar{2}$·389·	660
·19	66	3·052	3·715·	4·379·	5·044	5·709·	6·375·	7·042·	7·709·	8·377·	9·046·	666·
7·20	66	9·716	$\bar{0}$·386	$\bar{1}$·056·	$\bar{1}$·728	$\bar{2}$·400	$\bar{3}$·072·	$\bar{3}$·746	$\bar{4}$·420	$\bar{5}$·095	$\bar{5}$·770·	673
·21	67	6·446·	7·123·	7·800·	8·479	9·157·	9·837	$\bar{0}$·517·	$\bar{1}$·198	$\bar{1}$·879·	$\bar{2}$·562	680
·22	68	3·245	3·928·	4·612·	5·297·	5·983·	6·669·	7·356·	8·044·	8·732·	9·422	686·
·23	69	0·111·	0·802	1·493	2·185	2·877·	3·571	4·264·	4·959·	5·654·	6·350·	693·
·24		7·047·	7·744·	8·443	9·141·	9·841	$\bar{0}$·541·	$\bar{1}$·242	$\bar{1}$·944	$\bar{2}$·646	$\bar{3}$·349	700·
7·25	70	4·053	4·757	5·462·	6·168	6·874·	7·582	8·289·	8·998·	9·707·	$\bar{0}$·418	707·
·26	71	1·128·	1·840	2·552·	3·265	3·979	4·693	5·408	6·124	6·840·	7·557·	714·
·27		8·275·	8·994·	9·713·	$\bar{0}$·433·	$\bar{1}$·154·	$\bar{1}$·876	$\bar{2}$·598	$\bar{3}$·321	$\bar{4}$·045	$\bar{4}$·769·	722
·28	72	5·494·	6·220·	6·947	7·674	8·402	9·131	9·860·	$\bar{0}$·590·	$\bar{1}$·321·	$\bar{2}$·053·	729
·29	73	2·785·	3·519	4·253	4·987·	5·722·	6·459	7·195·	7·933	8·671·	9·410·	736·
7·30	74	0·150·	0·891	1·632	2·374	3·117	3·860·	4·604·	5·349·	6·095	6·841·	744
·31		7·589	8·337	9·085·	9·835	$\bar{0}$·585·	$\bar{1}$·336·	$\bar{2}$·088	$\bar{2}$·840·	$\bar{3}$·593·	$\bar{4}$·347·	751·
·32	75	5·102·	5·858	6·614	7·371	8·129	8·887·	9·646·	$\bar{0}$·406·	$\bar{1}$·167·	$\bar{1}$·929	758·
·33	76	2·691	3·454·	4·218	4·983	5·748	6·514·	7·281	8·049	8·817	9·586·	766·
·34	77	0·356·	1·127	1·898·	2·671	3·444	4·218	4·992·	5·768	6·544	7·321	774
7·35	77	8·098·	8·877	9·656·	$\bar{0}$·436·	$\bar{1}$·217·	$\bar{1}$·999	$\bar{2}$·781·	$\bar{3}$·564·	$\bar{4}$·348·	$\bar{5}$·133	782
·36	78	5·918·	6·705	7·492	8·280	9·068·	9·858	$\bar{0}$·648·	$\bar{1}$·439·	$\bar{2}$·231	$\bar{3}$·024	789·
·37	79	3·817	4·611·	5·406·	6·202·	6·999	7·796·	8·594·	9·393·	$\bar{0}$·193	$\bar{0}$·994	798
·38	80	1·795	2·597·	3·400·	4·204·	5·009	5·814·	6·620·	7·427·	8·235	9·044	806
·39		9·853·	$\bar{0}$·663·	$\bar{1}$·474·	$\bar{2}$·286·	$\bar{3}$·099·	$\bar{3}$·913	$\bar{4}$·727	$\bar{5}$·542	$\bar{6}$·358	$\bar{7}$·175	814
7·40	81	7·992·	8·811	9·630	$\bar{0}$·450	$\bar{1}$·271	$\bar{2}$·093	$\bar{2}$·915	$\bar{3}$·738·	$\bar{4}$·562·	$\bar{5}$·387·	822
·41	82	6·213·	7·040	7·867·	8·696	9·525	$\bar{0}$·355	$\bar{1}$·185·	$\bar{2}$·017·	$\bar{2}$·849·	$\bar{3}$·683	830
·42	83	4·517	5·352	6·188	7·024·	7·862	8·700	9·539	$\bar{0}$·379	$\bar{1}$·220	$\bar{2}$·061·	838·
·43	84	2·904	3·747·	4·591·	5·436·	6·282·	7·129	7·976·	8·825	9·674·	$\bar{0}$·524·	847
·44	85	1·375·	2·227·	3·080	3·933·	4·788	5·643	6·499	7·355·	8·214	9·072·	855·
7·45	85	9·932	$\bar{0}$·792·	$\bar{1}$·653·	$\bar{2}$·515·	$\bar{3}$·378·	$\bar{4}$·242·	$\bar{5}$·107	$\bar{5}$·972·	$\bar{6}$·839	$\bar{7}$·706	864
·46	86	8·574·	9·443·	$\bar{0}$·313·	$\bar{1}$·184	$\bar{2}$·055·	$\bar{2}$·928	$\bar{3}$·801·	$\bar{4}$·675·	$\bar{5}$·550·	$\bar{6}$·426·	873
·47	87	7·303·	8·181·	9·060	9·939·	$\bar{0}$·820	$\bar{1}$·701	$\bar{2}$·583·	$\bar{3}$·466	$\bar{4}$·350	$\bar{5}$·235	881·
·48	88	6·120·	7·007·	7·894·	8·783	9·672·	$\bar{0}$·562·	$\bar{1}$·453·	$\bar{2}$·345·	$\bar{3}$·238	$\bar{4}$·131·	891·
·49	89	5·026·	5·922	6·818·	7·715·	8·613·	9·512·	$\bar{0}$·412·	$\bar{1}$·313·	$\bar{2}$·215·	$\bar{3}$·118	899·
7·50	90	4·021·	4·926	5·831·	6·737·	7·645	8·553	9·462	$\bar{0}$·371·	$\bar{1}$·282·	$\bar{2}$·194·	908·

ψ	$\frac{1}{i}\sin i\psi$	0	1	2	3	4	5	6	7	8	9	Δ
7·00	54	8·316	8·864·	9·414	9·963·	$\bar{0}$·514	$\bar{1}$·064·	$\bar{1}$·616	$\bar{2}$·168	$\bar{2}$·720·	$\bar{3}$·273·	551
·01	55	3·827	4·381	4·935·	5·491	6·046·	6·603	7·160	7·717·	8·275·	8·834	556·
·02		9·393	9·952·	$\bar{0}$·513	$\bar{1}$·073·	$\bar{1}$·635	$\bar{2}$·197	$\bar{2}$·759·	$\bar{3}$·322·	$\bar{3}$·886	$\bar{4}$·450	562·
·03	56	5·015	5·580·	6·146	6·712·	7·279·	7·847	8·415	8·984	9·553	$\bar{0}$·123	568
·04	57	0·693·	1·264·	1·836	2·408	2·980·	3·554	4·128	4·702	5·277	5·853	573·
7·05	57	6·429	7·005·	7·583	8·161	8·739·	9·318·	9·898	$\bar{0}$·478	$\bar{1}$·059	$\bar{1}$·640·	579·
·06	58	2·222	2·804·	3·388	3·971·	4·556	5·140·	5·726	6·312	6·898·	7·486	585
·07		8·073·	8·662	9·251	9·840·	$\bar{0}$·430·	$\bar{1}$·021·	$\bar{1}$·612·	$\bar{2}$·204·	$\bar{2}$·797	$\bar{3}$·390	591
·08	59	3·984	4·578	5·173	5·768·	6·364·	6·961	7·558·	8·156·	8·754·	9·354	597
·09		9·953·	$\bar{0}$·553·	$\bar{1}$·154·	$\bar{1}$·756	$\bar{2}$·358	$\bar{2}$·960·	$\bar{3}$·564	$\bar{4}$·168	$\bar{4}$·772·	$\bar{5}$·377·	603
7·10	60	5·983	6·589·	7·196·	7·804	8·412	9·020·	9·630	$\bar{0}$·240	$\bar{0}$·850·	$\bar{1}$·461·	609
·11	61	2·073·	2·686	3·299	3·912·	4·526·	5·141·	5·757	6·373	6·989·	7·607	615
·12		8·225	8·843·	9·462·	$\bar{0}$·082·	$\bar{0}$·702·	$\bar{1}$·323·	$\bar{1}$·945·	$\bar{2}$·567·	$\bar{3}$·190·	$\bar{3}$·814	621·
·13	62	4·438	5·063	5·688·	6·314·	6·941	7·568	8·196	8·824·	9·453·	$\bar{0}$·083·	627·
·14	63	0·714	1·345	1·976·	2·609	3·242	3·875·	4·509·	5·144·	5·779·	6·416	634
7·15	63	7·052·	7·690	8·328	8·966·	9·606	$\bar{0}$·246	$\bar{0}$·886·	$\bar{1}$·527·	$\bar{2}$·169·	$\bar{2}$·812	640·
·16	64	3·455	4·099	4·743·	5·388·	6·034	6·680·	7·327·	7·975	8·623·	9·272·	646·
·17		9·922	$\bar{0}$·572	$\bar{1}$·223	$\bar{1}$·874·	$\bar{2}$·527	$\bar{3}$·179·	$\bar{3}$·833	$\bar{4}$·487·	$\bar{5}$·142	$\bar{5}$·797·	653
·18	65	6·453·	7·110·	7·768	8·426	9·085	9·744·	$\bar{0}$·404·	$\bar{1}$·065	$\bar{1}$·726·	$\bar{2}$·388·	660
·19	66	3·051	3·714·	4·378·	5·043·	5·709	6·375	7·041·	7·709	8·377	9·045·	666·
7·20	66	9·715	$\bar{0}$·385	$\bar{1}$·056	$\bar{1}$·727	$\bar{2}$·399·	$\bar{3}$·072	$\bar{3}$·745·	$\bar{4}$·419·	$\bar{5}$·094·	$\bar{5}$·769·	673
·21	67	6·446	7·122·	7·800	8·478	9·157	9·836·	$\bar{0}$·516·	$\bar{1}$·197·	$\bar{1}$·879	$\bar{2}$·561	679·
·22	68	3·244	3·928	4·612	5·297	5·982·	6·669	7·356	8·043·	8·732	9·421	686·
·23	69	0·111	0·801·	1·492·	2·184·	2·877	3·570	4·264	4·958·	5·654	6·350	693·
·24		7·046·	7·744	8·442	9·141	9·840·	$\bar{0}$·540·	$\bar{1}$·241·	$\bar{1}$·943	$\bar{2}$·645·	$\bar{3}$·348·	700·
7·25	70	4·052	4·756·	5·461·	6·167·	6·874	7·581	8·289	8·997·	9·707	$\bar{0}$·417	707·
·26	71	1·128	1·839·	2·551·	3·264·	3·978	4·692·	5·407·	6·123·	6·839·	7·557	714·
·27		8·275	8·993·	9·713	$\bar{0}$·433	$\bar{1}$·154	$\bar{1}$·875·	$\bar{2}$·597·	$\bar{3}$·320·	$\bar{4}$·044	$\bar{4}$·768·	722
·28	72	5·493·	6·219·	6·946	7·673·	8·401·	9·130·	9·859·	$\bar{0}$·590	$\bar{1}$·321	$\bar{2}$·052·	729
·29	73	2·785	3·518	4·252	4·986·	5·722	6·458	7·195	7·932·	8·670·	9·410	736·
7·30	74	0·149·	0·890	1·631·	2·373·	3·116	3·859·	4·604	5·349	6·094·	6·841	744
·31		7·588·	8·336·	9·085	9·834·	$\bar{0}$·584·	$\bar{1}$·335·	$\bar{2}$·087·	$\bar{2}$·840	$\bar{3}$·593	$\bar{4}$·347	751·
·32	75	5·101·	5·857	6·613·	7·370·	8·128	8·886·	9·646	$\bar{0}$·406	$\bar{1}$·166·	$\bar{1}$·928·	758·
·33	76	2·690·	3·453·	4·217·	4·982	5·747·	6·513·	7·280·	8·048	8·816·	9·585·	766·
·34	77	0·355·	1·126·	1·898	2·670·	3·443·	4·217	4·991·	5·767	6·543·	7·320	774
7·35	77	8·098	8·876·	9·655·	$\bar{0}$·436	$\bar{1}$·216·	$\bar{1}$·998·	$\bar{2}$·780·	$\bar{3}$·563·	$\bar{4}$·347·	$\bar{5}$·132·	782
·36	78	5·918	6·704·	7·491·	8·279·	9·068	9·857·	$\bar{0}$·647·	$\bar{1}$·438·	$\bar{2}$·230·	$\bar{3}$·023	790
·37	79	3·816·	4·611	5·406	6·201·	6·998·	7·795·	8·594	9·393	$\bar{0}$·192·	$\bar{0}$·993	797·
·38	80	1·794·	2·597	3·400	4·203·	5·008	5·813·	6·620	7·427	8·234·	9·043·	806
·39		9·852·	$\bar{0}$·663	$\bar{1}$·474	$\bar{2}$·286	$\bar{3}$·098·	$\bar{3}$·912	$\bar{4}$·726·	$\bar{5}$·541·	$\bar{6}$·357	$\bar{7}$·174·	814
7·40	81	7·992	8·810·	9·629·	$\bar{0}$·449·	$\bar{1}$·270·	$\bar{2}$·092	$\bar{2}$·914·	$\bar{3}$·738	$\bar{4}$·562	$\bar{5}$·387	822
·41	82	6·213	7·039·	7·867	8·695·	9·524·	$\bar{0}$·354·	$\bar{1}$·185	$\bar{2}$·016·	$\bar{2}$·849	$\bar{3}$·682·	830·
·42	83	4·516·	5·351·	6·187	7·024	7·861·	8·699·	9·538·	$\bar{0}$·378·	$\bar{1}$·219·	$\bar{2}$·061	838·
·43	84	2·903·	3·747	4·591	5·436	6·281·	7·128·	7·976	8·824·	9·674	$\bar{0}$·524	847
·44	85	1·375	2·226·	3·079·	3·933	4·787	5·642·	6·498·	7·355·	8·213	9·072	855·
7·45	85	9·931·	$\bar{0}$·791·	$\bar{1}$·653	$\bar{2}$·515	$\bar{3}$·378	$\bar{4}$·242	$\bar{5}$·106·	$\bar{5}$·972	$\bar{6}$·838	$\bar{7}$·705·	864
·46	86	8·573·	9·442·	$\bar{0}$·312·	$\bar{1}$·183·	$\bar{2}$·055	$\bar{2}$·927·	$\bar{3}$·801	$\bar{4}$·675	$\bar{5}$·550	$\bar{6}$·426	873
·47	87	7·303	8·181	9·059·	9·939	$\bar{0}$·819·	$\bar{1}$·700·	$\bar{2}$·582·	$\bar{3}$·465·	$\bar{4}$·349·	$\bar{5}$·234·	881·
·48	88	6·120	7·006·	7·894	8·782·	9·671·	$\bar{0}$·562	$\bar{1}$·453	$\bar{2}$·344·	$\bar{3}$·237·	$\bar{4}$·131	890·
·49	89	5·026	5·921·	6·817·	7·715	8·613	9·512	$\bar{0}$·412	$\bar{1}$·313	$\bar{2}$·214·	$\bar{3}$·117·	899·
7·50	90	4·021	4·925·	5·831	6·737	7·644·	8·552·	9·461·	$\bar{0}$·371·	$\bar{1}$·282	$\bar{2}$·194	908·

ψ	cos i ψ	0	1	2	3	4	5	6	7	8	9	Δ
7·50	9	04·021·	04·926	05·831·	06·737·	07·645	08·553	09·462	10·371·	11·282·	12·194·	908
·51		13·107	14·020·	14·935	15·850·	16·767	17·684	18·602	19·521	20·441	21·362	917·
·52		22·284	23·206·	24·130·	25·055	25·980·	26·907	27·834	28·762·	29·691·	30·622	927
·53		31·553	32·485	33·418	34·352	35·286·	36·222·	37·159	38·096·	39·035·	39·975	936
·54		40·915·	41·856·	42·799	43·742·	44·686·	45·631·	46·577·	47·525	48·473	49·422	945·
7·55	9	50·371·	51·322·	52·274·	53·227	54·181	55·135·	56·091	57·047·	58·005	58·963·	955
·56		59·923	60·883·	61·845	62·807	63·770·	64·734·	65·700	66·666	67·633·	68·601·	964·
·57		69·570·	70·540·	71·511·	72·483·	73·456·	74·430·	75·405	76·381	77·358	78·336	974·
·58		79·314·	80·294·	81·275·	82·257	83·240	84·223·	85·208·	86·194	87·180·	88·168·	984
·59		89·157	90·146·	91·137·	92·129	93·121·	94·115	95·109·	96·105·	97·102	98·099·	994
7·60	9	99·098	0̄0·098	0̄1·098·	0̄2·100	0̄3·102·	0̄4·106·	0̄5·110·	0̄6·116·	0̄7·123	0̄8·130·	1004
·61	10	09·139·	10·149	11·159·	12·171	13·184	14·197·	15·212·	16·228	17·244·	18·262·	1014
·62		19·281·	20·301	21·322	22·344	23·366·	24·390·	25·415·	26·441·	27·468·	28·496·	1024·
·63		29·525·	30·555·	31·586·	32·618·	33·651·	34·685·	35·721	36·757	37·794·	38·833	1034·
·64		39·872	40·912·	41·954	42·996·	44·040	45·084·	46·130	47·176·	48·224·	49·273	1045
7·65	10	50·323	51·374	52·425·	53·478·	54·532·	55·588	56·644	57·701	58·759·	59·818·	1055·
·66		60·879	61·940·	63·003	64·066·	65·131	66·196·	67·263·	68·331	69·400	70·470	1065
·67		71·541	72·613	73·686·	74·760·	75·836	76·912	77·989·	79·068	80·147·	81·228·	1076·
·68		82·310	83·393	84·477	85·562	86·648	87·735·	88·823·	89·913	91·003·	92·095	1087·
·69		93·187·	94·281·	95·376	96·472	97·569	98·667	99·766·	0̄0·866·	0̄1·968	0̄3·070·	1098·
7·70	11	04·174	05·279	06·385	07·491·	08·600	09·709	10·819	11·930·	13·043	14·156·	1109·
·71		15·271·	16·387·	17·504·	18·622·	19·741·	20·861·	21·983	23·105·	24·229·	25·354	1121
·72		26·480	27·607	28·735·	29·864·	30·995	32·126·	33·259	34·393	35·528	36·664	1132
·73		37·801·	38·939·	40·079	41·220	42·361·	43·504·	44·648·	45·794	46·940	48·087·	1143·
·74		49·236·	50·386	51·537	52·689·	53·842·	54·997	56·152·	57·309	58·467	59·626	1155
7·75	11	60·786·	61·947·	63·110·	64·274	65·439	66·605	67·772	68·940·	70·110	71·280·	1166·
·76		72·452·	73·625·	74·799·	75·975	77·151·	78·329·	79·508·	80·688:	81·869·	83·052	1178·
·77		84·236	85·420·	86·606·	87·794	88·982·	90·172	91·362·	92·554·	93·747·	94·942	1190
·78		96·137·	97·334·	98·532·	99·731·	0̄0·932	0̄2·133·	0̄3·336	0̄4·540	0̄5·745	0̄6·951·	1202
·79	12	08·159	09·367·	10·577·	11·789	13·001·	14·215	15·429·	16·645·	17·863	19·081·	1214·
7·80	12	20·301	21·522	22·744·	23·967·	25·192·	26·418	27·645	28·873	30·102·	31·333·	1226·
·81		32·565·	33·798·	35·033	36·268·	37·505·	38·743·	39·983	41·223·	42·465·	43·708·	1238·
·82		44·953	46·198·	47·445·	48·693·	49·942·	51·193·	52·445	53·698	54·952·	56·208	1251·
·83		57·465	58·723	59·982·	61·243	62·505	63·768	65·032·	66·298	67·565	68·833	1263·
·84		70·102·	71·373·	72·645·	73·918·	75·193	76·469	77·746	79·024·	80·304	81·585	1276·
7·85	12	82·867·	84·151	85·435·	86·721·	88·009	89·297·	90·587·	91·879	93·171·	94·465·	1288·
·86		95·760·	97·057	98·354·	99·653·	0̄0·954	0̄2·255·	0̄3·558·	0̄4·862·	0̄6·168	0̄7·475	1302
·87	13	08·783	10·092·	11·403	12·715·	14·028·	15·343·	16·659·	17·976·	19·295·	20·615·	1315
·88		21·936·	23·259	24·583	25·908·	27·235	28·562·	29·892	31·222·	32·554·	33·887·	1328·
·89		35·222	36·558	37·895·	39·234	40·573·	41·915	43·257·	44·601·	45·946·	47·293·	1342
7·90	13	48·641·	49·990·	51·341·	52·693·	54·047	55·401·	56·757·	58·115	59·473·	60·834	1355·
·91		62·195·	63·558·	64·922·	66·288	67·655	69·023·	70·393	71·764	73·136·	74·510·	1369
·92		75·885·	77·262·	78·640·	80·019·	81·400·	82·782·	84·166	85·550·	86·937	88·324	1382·
·93		89·713·	91·104	92·496	93·889	95·283·	96·679·	98·077	99·475·	0̄0·876	0̄2·277·	1396·
·94	14	03·680·	05·085	06·490·	07·898	09·306·	10·716·	12·127·	13·540·	14·955	16·370·	1410·
7·95	14	17·787·	19·206	20·626	22·047·	23·470	24·894·	26·320	27·747	29·175·	30·605·	1425
·96		32·036·	33·469·	34·903·	36·339	37·776·	39·215	40·654·	42·096	43·539	44·983	1439·
·97		46·429	47·876	49·324·	50·774·	52·226	53·679	55·133·	56·589·	58·046·	59·505·	1454
·98		60·965·	62·427·	63·890·	65·355	66·821·	68·288·	69·758	71·228·	72·700·	74·173·	1468·
·99		75·648·	77·125	78·603	80·082·	81·563	83·045·	84·529	86·014·	87·501	88·989·	1483
8·00	14	90·479	91·970·	93·463	94·957·	96·453	97·950	99·449	0̄0·949	0̄2·451	0̄3·954	1498·

ψ	$\frac{1}{i}$ sin i ψ	0	1	2	3	4	5	6	7	8	9	Δ
7·50	9	04·021	04·925·	05·831	06·737	07·644·	08·552·	09·461·	10·371·	11·282	12·194	908·
·51		13·106·	14·020	14·934·	15·850	16·766·	17·683·	18·601·	19·520·	20·440·	21·361·	917·
·52		22·283·	23·206	24·130	25·054·	25·980	26·906·	27·833·	28·762	29·691	30·621·	927
·53		31·552·	32·484·	33·417·	34·351·	35·286	36·222	37·158·	38·096·	39·035	39·974·	936
·54		40·915	41·856	42·798·	43·742	44·686	45·631·	46·577	47·524·	48·472·	49·421	945·
7·55	9	50·371	51·322	52·274	53·226·	54·180·	55·135	56·090·	57·047	58·004·	58·963	955
·56		59·922·	60·883	61·844·	62·806·	63·770	64·734	65·699·	66·665·	67·632·	68·601	964·
·57		69·570	70·540	71·511	72·483	73·456	74·430	75·404·	76·380·	77·357·	78·335·	974·
·58		79·314	80·294	81·275	82·256·	83·239·	84·223	85·207·	86·193·	87·180	88·168	984
·59		89·156·	90·146	91·137	92·128·	93·121	94·114·	95·109·	96·105	97·101·	98·099	994
7·60	9	99·097·	0̄0·097·	0̄1·098	0̄2·099·	0̄3·102	0̄4·105·	0̄5·110·	0̄6·116	0̄7·122·	0̄8·130	1004
·61	10	09·139	10·148·	11·159	12·171	13·183·	14·197	15·211·	16·227·	17·244·	18·262	1014
·62		19·281	20·300·	21·321·	22·343·	23·366	24·390	25·415	26·440·	27·468	28·496	1024·
·63		29·525	30·555	31·586	32·618	33·651	34·685·	35·720·	36·756·	37·794	38·832·	1034·
·64		39·871·	40·912	41·953·	42·996	44·039·	45·084	46·129·	47·176	48·224	49·272·	1045
7·65	10	50·322·	51·373·	52·425·	53·478·	54·532·	55·587·	56·643·	57·700·	58·759	59·818	1055·
·66		60·878·	61·940	63·002·	64·066	65·130·	66·196·	67·263	68·330·	69·399·	70·469·	1066
·67		71·540·	72·612·	73·686	74·760	75·835·	76·911·	77·989	79·067·	80·147	81·228	1077
·68		82·309·	83·392·	84·476·	85·561·	86·647·	87·735	88·823	89·912·	91·003	92·094·	1087·
·69		93·187	94·281	95·375·	96·471·	97·568·	98·667	99·766	0̄0·866	0̄1·967·	0̄3·070	1098·
7·70	11	04·174	05·278·	06·384·	07·491·	08·599·	09·708·	10·818·	11·930	13·042·	14·156	1109·
·71		15·271	16·387	17·504	18·622	19·741	20·861·	21·982·	23·105·	24·229	25·353·	1121
·72		26·479·	27·606·	28·735	29·864	30·994·	32·126·	33·258·	34·392·	35·527·	36·663·	1132
·73		37·801	38·939·	40·079	41·219·	42·361·	43·504·	44·648	45·793·	46·940	48·087·	1143·
·74		49·236	50·386	51·537	52·689	53·842·	54·996·	56·152	57·309	58·466·	59·625·	1155
7·75	11	60·786	61·947·	63·110	64·273·	65·438·	66·604·	67·771·	68·940	70·109·	71·280	1166·
·76		72·452	73·625	74·799·	75·974·	77·151·	78·329	79·508	80·688	81·869·	83·051·	1178·
·77		84·235·	85·420	86·606·	87·793·	88·982	90·171·	91·362	92·554	93·747·	94·941·	1190
·78		96·137	97·334	98·532	99·731	0̄0·931·	0̄2·133	0̄3·335·	0̄4·539·	0̄5·744·	0̄6·951	1202
·79	12	08·158·	09·367·	10·577·	11·788·	13·001	14·214·	15·429·	16·645·	17·862·	19·081	1214·
7·80	12	20·301	21·522	22·744	23·967	25·192	26·417·	27·644·	28·873	30·102·	31·333	1226·
·81		32·565	33·798·	35·032·	36·268	37·505	38·743·	39·982·	41·223	42·465	43·708	1238·
·82		44·952·	46·198	47·445	48·693	49·942·	51·193	52·444·	53·697·	54·952	56·207·	1251·
·83		57·464·	58·722·	59·982	61·242·	62·504·	63·767·	65·032	66·297·	67·564·	68·832·	1263·
·84		70·102	71·373	72·645	73·918	75·193	76·468·	77·746	79·024	80·304	81·584·	1276·
7·85	12	82·867	84·150·	85·435·	86·721·	88·008·	89·297·	90·587·	91·878·	93·171	94·465	1289·
·86		95·760	97·056·	98·354	99·653	0̄0·953·	0̄2·255	0̄3·558	0̄4·862	0̄6·167·	0̄7·474·	1302·
·87	13	08·782·	10·092	11·403	12·715	14·028·	15·343	16·659	17·976	19·295	20·615	1315
·88		21·936	23·258·	24·582·	25·908	27·234·	28·562·	29·891·	31·222	32·554	33·887·	1328·
·89		35·222	36·557·	37·895	39·233·	40·573·	41·914·	43·257	44·601	45·946·	47·293	1342
7·90	13	48·641	49·990·	51·341	52·693	54·046·	55·401	56·757	58·114·	59·473·	60·833·	1355·
·91		62·195	63·558	64·922	66·288	67·655	69·023	70·392·	71·764	73·136	74·510	1369
·92		75·885·	77·262	78·640	80·019	81·400	82·782	84·165·	85·550	86·936·	88·324	1382·
·93		89·713	91·103·	92·495·	93·888·	95·283	96·679	98·076·	99·475·	0̄0·875·	0̄2·277	1396·
·94	14	03·680	05·084·	06·490·	07·897·	09·306	10·716	12·127·	13·540·	14·954·	16·370	1410
7·95	14	17·787·	19·206	20·625·	22·047	23·470	24·894	26·319·	27·746·	29·175	30·605	1425
·96		32·036·	33·469	34·903·	36·339	37·776	39·214·	40·654·	42·095·	43·538·	44·983	1439·
·97		46·428·	47·875·	49·324·	50·774·	52·226	53·678·	55·133·	56·589	58·046·	59·505·	1454
·98		60·965·	62·427	63·890·	65·355	66·821	68·288·	69·757·	71·228	72·700	74·173·	1468·
·99		75·648·	77·124·	78·602·	80·082	81·563	83·045	84·529	86·014	87·501	88·989	1483
8·00	14	90·479	91·970	93·463	94·957	96·452·	97·950	99·448·	0̄0·949	0̄2·450·	0̄3·953·	1498·

ψ	e^ψ	0	1	2	3	4	5	6	7	8	9	Δ
9·30	10	938·019	948·962	959·917	970·882	981·859	992·846	0̄03·844	0̄14·854	0̄25·874	0̄36·905	10993
·31	11	047·948	059·001	070·066	081·141	092·228	103·326	114·435	125·555	136·686	147·828	11103
·32		158·982	170·146	181·322	192·509	203·707	214·916	226·137	237·368	248·611	259·866	11215
·33		271·131	282·408	293·696	304·995	316·306	327·628	338·961	350·306	361·662	373·029	11327
·34		384·408	395·798	407·200	418·612	430·037	441·473	452·920	464·378	475·848	487·330	11441
9·35	11	498·823	510·328	521·844	533·371	544·911	556·461	568·024	579·597	591·183	602·780	11556
·36		614·388	626·008	637·640	649·284	660·939	672·606	684·284	695·974	707·676	719·389	11672
·37		731·115	742·852	754·600	766·361	778·133	789·917	801·713	813·521	825·340	837·171	11790
·38		849·014	860·869	872·736	884·615	896·505	908·408	920·322	932·248	944·187	956·137	11908
·39		968·099	980·073	992·059	0̄04·057	0̄16·067	0̄28·089	0̄40·123	0̄52·170	0̄64·228	0̄76·298	12028
9·40	12	088·380	100·475	112·581	124·700	136·831	148·974	161·129	173·296	185·475	197·667	12149
·41		209·871	222·087	234·315	246·555	258·808	271·073	283·350	295·640	307·941	320·255	12271
·42		332·582	344·921	357·272	369·635	382·011	394·399	406·800	419·213	431·638	444·076	12394
·43		456·526	468·989	481·464	493·952	506·452	518·965	531·490	544·028	556·578	569·141	12519
·44		581·717	594·305	606·905	619·518	632·144	644·783	657·434	670·098	682·774	695·463	12645
9·45	12	708·165	720·879	733·607	746·347	759·099	771·865	784·643	797·434	810·238	823·055	12772
·46		835·884	848·726	861·582	874·450	887·331	900·224	913·131	926·051	938·983	951·929	12900
·47		964·887	977·858	990·843	0̄03·840	0̄16·850	0̄29·874	0̄42·910	0̄55·960	0̄69·022	0̄82·098	13030
·48	13	095·186	108·288	121·403	134·531	147·672	160·826	173·993	187·174	200·368	213·575	13161
·49		226·795	240·028	253·275	266·535	279·808	293·095	306·394	319·707	333·034	346·373	13293
9·50	13	359·727	373·093	386·473	399·866	413·272	426·692	440·126	453·573	467·033	480·507	13426
·51		493·994	507·495	521·009	434·537	548·078	561·633	575·201	588·783	602·379	615·988	13561
·52		629·611	643·247	656·897	670·561	684·239	697·930	711·634	725·353	739·085	752·831	13698
·53		766·591	780·364	794·152	807·953	821·768	835·596	849·439	863·295	877·165	891·049	13835
·54		904·947	918·859	932·785	946·725	960·679	974·646	988·628	0̄02·624	0̄16·633	0̄30·657	13974
9·55	14	044·694	058·746	072·812	086·892	100·986	115·094	129·216	143·352	157·503	171·667	14115
·56		185·846	200·039	214·246	228·467	242·703	256·953	271·217	285·495	299·788	314·095	14257
·57		328·416	342·752	357·102	371·466	385·845	400·238	414·645	429·067	443·503	457·954	14400
·58		472·419	486·899	501·393	515·902	530·425	544·962	559·515	574·081	588·663	603·259	14545
·59		617·869	632·494	647·134	661·789	676·458	691·142	705·840	720·553	735·281	750·024	14691
9·60	14	764·781	779·553	794·340	809·142	823·959	838·790	853·636	868·497	883·373	898·264	14839
·61		913·170	928·090	943·026	957·977	972·942	987·922	0̄02·918	0̄17·928	0̄32·954	0̄47·994	14988
·62	15	063·050	078·120	093·206	108·307	123·423	138·554	153·700	168·861	184·037	199·229	15138
·63		214·436	229·658	244·895	260·148	275·416	290·699	305·997	321·311	336·640	351·984	15290
·64		367·344	382·719	398·109	413·515	428·936	444·373	459·825	475·292	490·775	506·274	15444
9·65	15	521·788	537·317	552·863	568·423	583·999	599·591	615·199	630·822	646·460	662·114	15599
·66		677·784	693·470	709·171	724·888	740·621	756·370	772·134	787·914	803·710	819·521	15756
·67		835·349	851·192	867·051	882·926	898·817	914·724	930·646	946·585	962·540	978·510	15914
·68		994·497	0̄10·499	0̄26·518	0̄42·552	0̄58·603	0̄74·669	0̄90·752	1̄06·851	1̄22·966	1̄39·097	16074
·69	16	155·244	171·407	187·587	203·783	219·994	236·223	252·467	268·727	285·004	301·297	16236
9·70	16	317·607	333·933	350·275	366·633	383·008	399·399	415·807	432·231	448·671	465·128	16399
·71		481·602	498·091	514·598	531·121	547·660	564·216	580·788	597·378	613·983	630·606	16564
·72		647·244	663·900	680·572	697·261	713·967	730·689	747·428	764·184	780·957	797·746	16730
·73		814·552	831·375	848·215	865·071	881·945	898·835	915·743	932·667	949·608	966·566	16899
·74		983·541	0̄00·533	0̄17·542	0̄34·568	0̄51·611	0̄68·671	0̄85·749	1̄02·843	1̄19·954	1̄37·083	17068
9·75	17	154·229	171·391	188·571	205·768	222·983	240·214	257·463	274·729	292·013	309·313	17240
·76		326·631	343·967	361·319	378·689	396·077	413·481	430·904	448·343	465·800	483·275	17413
·77		500·767	518·276	535·803	553·348	570·910	588·490	606·087	623·702	641·335	658·985	17588
78		676·653	694·338	712·041	729·762	747·501	765·257	783·031	800·823	818·633	836·461	17765
·79		854·306	872·169	890·050	907·949	925·866	943·801	961·754	979·724	997·713	0̄15·720	17944
9·80	18	033·745	051·787	069·848	087·927	106·024	124·139	142·272	160·424	178·593	196·781	18124

EIN MAL 3-STELLIGE

RECHENTAFEL

ALS

INTERPOLATIONSTAFEL

DER

COSINUS- UND SINUS-TAFELN

	100	101	102	103	104	105	106	107	108	109	110	
1	10·0	10·1	10·2	10·3	10·4	10·5	10·6	10·7	10·8	10·9	11·0	1
2	20·0	20·2	20·4	20·6	20·8	21·0	21·2	21·4	21·6	21·8	22·0	2
3	30·0	30·3	30·6	30·9	31·2	31·5	31·8	32·1	32·4	32·7	33·0	3
4	40·0	40·4	40·8	41·2	41·6	42·0	42·4	42·8	43·2	43·6	44·0	4
5	50·0	50·5	51·0	51·5	52·0	52·5	53·0	53·5	54·0	54·5	55·0	5
6	60·0	60·6	61·2	61·8	62·4	63·0	63·6	64·2	64·8	65·4	66·0	6
7	70·0	70·7	71·4	72·1	72·8	73·5	74·2	74·9	75·6	76·3	77·0	7
8	80·0	80·8	81·6	82·4	83·2	84·0	84·8	85·6	86·4	87·2	88·0	8
9	90·0	90·9	91·8	92·7	93·6	94·5	95·4	96·3	97·2	98·1	99·0	9
	110	111	112	113	114	115	116	117	118	119	120	
1	11·0	11·1	11·2	11·3	11·4	11·5	11·6	11·7	11·8	11·9	12·0	1
2	22·0	22·2	22·4	22·6	22·8	23·0	23·2	23·4	23·6	23·8	24·0	2
3	33·0	33·3	33·6	33·9	34·2	34·5	34·8	35·1	35·4	35·7	36·0	3
4	44·0	44·4	44·8	45·2	45·6	46·0	46·4	46·8	47·2	47·6	48·0	4
5	55·0	55·5	56·0	56·5	57·0	57·5	58·0	58·5	59·0	59·5	60·0	5
6	66·0	66·6	67·2	67·8	68·4	69·0	69·6	70·2	70·8	71·4	72·0	6
7	77·0	77·7	78·4	79·1	79·8	80·5	81·2	81·9	82·6	83·3	84·0	7
8	88·0	88·8	89·6	90·4	91·2	92·0	92·8	93·6	94·4	95·2	96·0	8
9	99·0	99·9	100·8	101·7	102·6	103·5	104·4	105·3	106·2	107·1	108·0	9
	120	121	122	123	124	125	126	127	128	129	130	
1	12·0	12·1	12·2	12·3	12·4	12·5	12·6	12·7	12·8	12·9	13·0	1
2	24·0	24·2	24·4	24·6	24·8	25·0	25·2	25·4	25·6	25·8	26·0	2
3	36·0	36·3	36·6	36·9	37·2	37·5	37·8	38·1	38·4	38·7	39·0	3
4	48·0	48·4	48·8	49·2	49·6	50·0	50·4	50·8	51·2	51·6	52·0	4
5	60·0	60·5	61·0	61·5	62·0	62·5	63·0	63·5	64·0	64·5	65·0	5
6	72·0	72·6	73·2	73·8	74·4	75·0	75·6	76·2	76·8	77·4	78·0	6
7	84·0	84·7	85·4	86·1	86·8	87·5	88·2	88·9	89·6	90·3	91·0	7
8	96·0	96·8	97·6	98·4	99·2	100·0	100·8	101·6	102·4	103·2	104·0	8
9	108·0	108·9	109·8	110·7	111·6	112·5	113·4	114·3	115·2	116·1	117·0	9
	130	131	132	133	134	135	136	137	138	139	140	
1	13·0	13·1	13·2	13·3	13·4	13·5	13·6	13·7	13·8	13·9	14·0	1
2	26·0	26·2	26·4	26·6	26·8	27·0	27·2	27·4	27·6	27·8	28·0	2
3	39·0	39·3	39·6	39·9	40·2	40·5	40·8	41·1	41·4	41·7	42·0	3
4	52·0	52·4	52·8	53·2	53·6	54·0	54·4	54·8	55·2	55·6	56·0	4
5	65·0	65·5	66·0	66·5	67·0	67·5	68·0	68·5	69·0	69·5	70·0	5
6	78·0	78·6	79·2	79·8	80·4	81·0	81·6	82·2	82·8	83·4	84·0	6
7	91·0	91·7	92·4	93·1	93·8	94·5	95·2	95·9	96·6	97·3	98·0	7
8	104·0	104·8	105·6	106·4	107·2	108·0	108·8	109·6	110·4	111·2	112·0	8
9	117·0	117·9	118·8	119·7	120·6	121·5	122·4	123·3	124·2	125·1	126·0	9
	140	141	142	143	144	145	146	147	148	149	150	
1	14·0	14·1	14·2	14·3	14·4	14·5	14·6	14·7	14·8	14·9	15·0	1
2	28·0	28·2	28·4	28·6	28·8	29·0	29·2	29·4	29·6	29·8	30·0	2
3	42·0	42·3	42·6	42·9	43·2	43·5	43·8	44·1	44·4	44·7	45·0	3
4	56·0	56·4	56·8	57·2	57·6	58·0	58·4	58·8	59·2	59·6	60·0	4
5	70·0	70·5	71·0	71·5	72·0	72·5	73·0	73·5	74·0	74·5	75·0	5
6	84·0	84·6	85·2	85·8	86·4	87·0	87·6	88·2	88·8	89·4	90·0	6
7	98·0	98·7	99·4	100·1	100·8	101·5	102·2	102·9	103·6	104·3	105·0	7
8	112·0	112·8	113·6	114·4	115·2	116·0	116·8	117·6	118·4	119·2	120·0	8
9	126·0	126·9	127·8	128·7	129·6	130·5	131·4	132·3	133·2	134·1	135·0	9

	150	151	152	153	154	155	156	157	158	159	160	
1	15·0	15·1	15·2	15·3	15·4	15·5	15·6	15·7	15·8	15·9	16·0	1
2	30·0	30·2	30·4	30·6	30·8	31·0	31·2	31·4	31·6	31·8	32·0	2
3	45·0	45·3	45·6	45·9	46·2	46·5	46·8	47·1	47·4	47·7	48·0	3
4	60·0	60·4	60·8	61·2	61·6	62·0	62·4	62·8	63·2	63·6	64·0	4
5	75·0	75·5	76·0	76·5	77·0	77·5	78·0	78·5	79·0	79·5	80·0	5
6	90·0	90·6	91·2	91·8	92·4	93·0	93·6	94·2	94·8	95·4	96·0	6
7	105·0	105·7	106·4	107·1	107·8	108·5	109·2	109·9	110·6	111·3	112·0	7
8	120·0	120·8	121·6	122·4	123·2	124·0	124·8	125·6	126·4	127·2	128·0	8
9	135·0	135·9	136·8	137·7	138·6	139·5	140·4	141·3	142·2	143·1	144·0	9

	160	161	162	163	164	165	166	167	168	169	170	
1	16·0	16·1	16·2	16·3	16·4	16·5	16·6	16·7	16·8	16·9	17·0	1
2	32·0	32·2	32·4	32·6	32·8	33·0	33·2	33·4	33·6	33·8	34·0	2
3	48·0	48·3	48·6	48·9	49·2	49·5	49·8	50·1	50·4	50·7	51·0	3
4	64·0	64·4	64·8	65·2	65·6	66·0	66·4	66·8	67·2	67·6	68·0	4
5	80·0	80·5	81·0	81·5	82·0	82·5	83·0	83·5	84·0	84·5	85·0	5
6	96·0	96·6	97·2	97·8	98·4	99·0	99·6	100·2	100·8	101·4	102·0	6
7	112·0	112·7	113·4	114·1	114·8	115·5	116·2	116·9	117·6	118·3	119·0	7
8	128·0	128·8	129·6	130·4	131·2	132·0	132·8	133·6	134·4	135·2	136·0	8
9	144·0	144·9	145·8	146·7	147·6	148·5	149·4	150·3	151·2	152·1	153·0	9

	170	171	172	173	174	175	176	177	178	179	180	
1	17·0	17·1	17·2	17·3	17·4	17·5	17·6	17·7	17·8	17·9	18·0	1
2	34·0	34·2	34·4	34·6	34·8	35·0	35·2	35·4	35·6	35·8	36·0	2
3	51·0	51·3	51·6	51·9	52·2	52·5	52·8	53·1	53·4	53·7	54·0	3
4	68·0	68·4	68·8	69·2	69·6	70·0	70·4	70·8	71·2	71·6	72·0	4
5	85·0	85·5	86·0	86·5	87·0	87·5	88·0	88·5	89·0	89·5	90·0	5
6	102·0	102·6	103·2	103·8	104·4	105·0	105·6	106·2	106·8	107·4	108·0	6
7	119·0	119·7	120·4	121·1	121·8	122·5	123·2	123·9	124·6	125·3	126·0	7
8	136·0	136·8	137·6	138·4	139·2	140·0	140·8	141·6	142·4	143·2	144·0	8
9	153·0	153·9	154·8	155·7	156·6	157·5	158·4	159·3	160·2	161·1	162·0	9

	180	181	182	183	184	185	186	187	188	189	190	
1	18·0	18·1	18·2	18·3	18·4	18·5	18·6	18·7	18·8	18·9	19·0	1
2	36·0	36·2	36·4	36·6	36·8	37·0	37·2	37·4	37·6	37·8	38·0	2
3	54·0	54·3	54·6	54·9	55·2	55·5	55·8	56·1	56·4	56·7	57·0	3
4	72·0	72·4	72·8	73·2	73·6	74·0	74·4	74·8	75·2	75·6	76·0	4
5	90·0	90·5	91·0	91·5	92·0	92·5	93·0	93·5	94·0	94·5	95·0	5
6	108·0	108·6	109·2	109·8	110·4	111·0	111·6	112·2	112·8	113·4	114·0	6
7	126·0	126·7	127·4	128·1	128·8	129·5	130·2	130·9	131·6	132·3	133·0	7
8	144·0	144·8	145·6	146·4	147·2	148·0	148·8	149·6	150·4	151·2	152·0	8
9	162·0	162·9	163·8	164·7	165·6	166·5	167·4	168·3	169·2	170·1	171·0	9

	190	191	192	193	194	195	196	197	198	199	200	
1	19·0	19·1	19·2	19·3	19·4	19·5	19·6	19·7	19·8	19·9	20·0	1
2	38·0	38·2	38·4	38·6	38·8	39·0	39·2	39·4	39·6	39·8	40·0	2
3	57·0	57·3	57·6	57·9	58·2	58·5	58·8	59·1	59·4	59·7	60·0	3
4	76·0	76·4	76·8	77·2	77·6	78·0	78·4	78·8	79·2	79·6	80·0	4
5	95·0	95·5	96·0	96·5	97·0	97·5	98·0	98·5	99·0	99·5	100·0	5
6	114·0	114·6	115·2	115·8	116·4	117·0	117·6	118·2	118·8	119·4	120·0	6
7	133·0	133·7	134·4	135·1	135·8	136·5	137·2	137·9	138·6	139·3	140·0	7
8	152·0	152·8	153·6	154·4	155·2	156·0	156·8	157·6	158·4	159·2	160·0	8
9	171·0	171·9	172·8	173·7	174·6	175·5	176·4	177·3	178·2	179·1	180·0	9

	200	201	202	203	204	205	206	207	208	209	210	
1	20·0	20·1	20·2	20·3	20·4	20·5	20·6	20·7	20·8	20·9	21·0	1
2	40·0	40·2	40·4	40·6	40·8	41·0	41·2	41·4	41·6	41·8	42·0	2
3	60·0	60·3	60·6	60·9	61·2	61·5	61·8	62·1	62·4	62·7	63·0	3
4	80·0	80·4	80·8	81·2	81·6	82·0	82·4	82·8	83·2	83·6	84·0	4
5	100·0	100·5	101·0	101·5	102·0	102·5	103·0	103·5	104·0	104·5	105·0	5
6	120·0	120·6	121·2	121·8	122·4	123·0	123·6	124·2	124·8	125·4	126·0	6
7	140·0	140·7	141·4	142·1	142·8	143·5	144·2	144·9	145·6	146·3	147·0	7
8	160·0	160·8	161·6	162·4	163·2	164·0	164·8	165·6	166·4	167·2	168·0	8
9	180·0	180·9	181·8	182·7	183·6	184·5	185·4	186·3	187·2	188·1	189·0	9
	210	211	212	213	214	215	216	217	218	219	220	
1	21·0	21·1	21·2	21·3	21·4	21·5	21·6	21·7	21·8	21·9	22·0	1
2	42·0	42·2	42·4	42·6	42·8	43·0	43·2	43·4	43·6	43·8	44·0	2
3	63·0	63·3	63·6	63·9	64·2	64·5	64·8	65·1	65·4	65·7	66·0	3
4	84·0	84·4	84·8	85·2	85·6	86·0	86·4	86·8	87·2	87·6	88·0	4
5	105·0	105·5	106·0	106·5	107·0	107·5	108·0	108·5	109·0	109·5	110·0	5
6	126·0	126·6	127·2	127·8	128·4	129·0	129·6	130·2	130·8	131·4	132·0	6
7	147·0	147·7	148·4	149·1	149·8	150·5	151·2	151·9	152·6	153·3	154·0	7
8	168·0	168·8	169·6	170·4	171·2	172·0	172·8	173·6	174·4	175·2	176·0	8
9	189·0	189·9	190·8	191·7	192·6	193·5	194·4	195·3	196·2	197·1	198·0	9
	220	221	222	223	224	225	226	227	228	229	230	
1	22·0	22·1	22·2	22·3	22·4	22·5	22·6	22·7	22·8	22·9	23·0	1
2	44·0	44·2	44·4	44·6	44·8	45·0	45·2	45·4	45·6	45·8	46·0	2
3	66·0	66·3	66·6	66·9	67·2	67·5	67·8	68·1	68·4	68·7	69·0	3
4	88·0	88·4	88·8	89·2	89·6	90·0	90·4	90·8	91·2	91·6	92·0	4
5	110·0	110·5	111·0	111·5	112·0	112·5	113·0	113·5	114·0	114·5	115·0	5
6	132·0	132·6	133·2	133·8	134·4	135·0	135·6	136·2	136·8	137·4	138·0	6
7	154·0	154·7	155·4	156·1	156·8	157·5	158·2	158·9	159·6	160·3	161·0	7
8	176·0	176·8	177·6	178·4	179·2	180·0	180·8	181·6	182·4	183·2	184·0	8
9	198·0	198·9	199·8	200·7	201·6	202·5	203·4	204·3	205·2	206·1	207·0	9
	230	231	232	233	234	235	236	237	238	239	240	
1	23·0	23·1	23·2	23·3	23·4	23·5	23·6	23·7	23·8	23·9	24·0	1
2	46·0	46·2	46·4	46·6	46·8	47·0	47·2	47·4	47·6	47·8	48·0	2
3	69·0	69·3	69·6	69·9	70·2	70·5	70·8	71·1	71·4	71·7	72·0	3
4	92·0	92·4	92·8	93·2	93·6	94·0	94·4	94·8	95·2	95·6	96·0	4
5	115·0	115·5	116·0	116·5	117·0	117·5	118·0	118·5	119·0	119·5	120·0	5
6	138·0	138·6	139·2	139·8	140·4	141·0	141·6	142·2	142·8	143·4	144·0	6
7	161·0	161·7	162·4	163·1	163·8	164·5	165·2	165·9	166·6	167·3	168·0	7
8	184·0	184·8	185·6	186·4	187·2	188·0	188·8	189·6	190·4	191·2	192·0	8
9	207·0	207·9	208·8	209·7	210·6	211·5	212·4	213·3	214·2	215·1	216·0	9
	240	241	242	243	244	245	246	247	248	249	250	
1	24·0	24·1	24·2	24·3	24·4	24·5	24·6	24·7	24·8	24·9	25·0	1
2	48·0	48·2	48·4	48·6	48·8	49·0	49·2	49·4	49·6	49·8	50·0	2
3	72·0	72·3	72·6	72·9	73·2	73·5	73·8	74·1	74·4	74·7	75·0	3
4	96·0	96·4	96·8	97·2	97·6	98·0	98·4	98·8	99·2	99·6	100·0	4
5	120·0	120·5	121·0	121·5	122·0	122·5	123·0	123·5	124·0	124·5	125·0	5
6	144·0	144·6	145·2	145·8	146·4	147·0	147·6	148·2	148·8	149·4	150·0	6
7	168·0	168·7	169·4	170·1	170·8	171·5	172·2	172·9	173·6	174·3	175·0	7
8	192·0	192·8	193·6	194·4	195·2	196·0	196·8	197·6	198·4	199·2	200·0	8
9	216·0	216·9	217·8	218·7	219·6	220·5	221·4	222·3	223·2	224·1	225·0	9

	250	251	252	253	254	255	256	257	258	259	260	
1	25·0	25·1	25·2	25·3	25·4	25·5	25·6	25·7	25·8	25·9	26·0	1
2	50·0	50·2	50·4	50·6	50·8	51·0	51·2	51·4	51·6	51·8	52·0	2
3	75·0	75·3	75·6	75·9	76·2	76·5	76·8	77·1	77·4	77·7	78·0	3
4	100·0	100·4	100·8	101·2	101·6	102·0	102·4	102·8	103·2	103·6	104·0	4
5	125·0	125·5	126·0	126·5	127·0	127·5	128·0	128·5	129·0	129·5	130·0	5
6	150·0	150·6	151·2	151·8	152·4	153·0	153·6	154·2	154·8	155·4	156·0	6
7	175·0	175·7	176·4	177·1	177·8	178·5	179·2	179·9	180·6	181·3	182·0	7
8	200·0	200·8	201·6	202·4	203·2	204·0	204·8	205·6	206·4	207·2	208·0	8
9	225·0	225·9	226·8	227·7	228·6	229·5	230·4	231·3	232·2	233·1	234·0	9

	260	261	262	263	264	265	266	267	268	269	270	
1	26·0	26·1	26·2	26·3	26·4	26·5	26·6	26·7	26·8	26·9	27·0	1
2	52·0	52·2	52·4	52·6	52·8	53·0	53·2	53·4	53·6	53·8	54·0	2
3	78·0	78·3	78·6	78·9	79·2	79·5	79·8	80·1	80·4	80·7	81·0	3
4	104·0	104·4	104·8	105·2	105·6	106·0	106·4	106·8	107·2	107·6	108·0	4
5	130·0	130·5	131·0	131·5	132·0	132·5	133·0	133·5	134·0	134·5	135·0	5
6	156·0	156·6	157·2	157·8	158·4	159·0	159·6	160·2	160·8	161·4	162·0	6
7	182·0	182·7	183·4	184·1	184·8	185·5	186·2	186·9	187·6	188·3	189·0	7
8	208·0	208·8	209·6	210·4	211·2	212·0	212·8	213·6	214·4	215·2	216·0	8
9	234·0	234·9	235·8	236·7	237·6	238·5	239·4	240·3	241·2	242·1	243·0	9

	270	271	272	273	274	275	276	277	278	279	280	
1	27·0	27·1	27·2	27·3	27·4	27·5	27·6	27·7	27·8	27·9	28·0	1
2	54·0	54·2	54·4	54·6	54·8	55·0	55·2	55·4	55·6	55·8	56·0	2
3	81·0	81·3	81·6	81·9	82·2	82·5	82·8	83·1	83·4	83·7	84·0	3
4	108·0	108·4	108·8	109·2	109·6	110·0	110·4	110·8	111·2	111·6	112·0	4
5	135·0	135·5	136·0	136·5	137·0	137·5	138·0	138·5	139·0	139·5	140·0	5
6	162·0	162·6	163·2	163·8	164·4	165·0	165·6	166·2	166·8	167·4	168·0	6
7	189·0	189·7	190·4	191·1	191·8	192·5	193·2	193·9	194·6	195·3	196·0	7
8	216·0	216·8	217·6	218·4	219·2	220·0	220·8	221·6	222·4	223·2	224·0	8
9	243·0	243·9	244·8	245·7	246·6	247·5	248·4	249·3	250·2	251·1	252·0	9

	280	281	282	283	284	285	286	287	288	289	290	
1	28·0	28·1	28·2	28·3	28·4	28·5	28·6	28·7	28·8	28·9	29·0	1
2	56·0	56·2	56·4	56·6	56·8	57·0	57·2	57·4	57·6	57·8	58·0	2
3	84·0	84·3	84·6	84·9	85·2	85·5	85·8	86·1	86·4	86·7	87·0	3
4	112·0	112·4	112·8	113·2	113·6	114·0	114·4	114·8	115·2	115·6	116·0	4
5	140·0	140·5	141·0	141·5	142·0	142·5	143·0	143·5	144·0	144·5	145·0	5
6	168·0	168·6	169·2	169·8	170·4	171·0	171·6	172·2	172·8	173·4	174·0	6
7	196·0	196·7	197·4	198·1	198·8	199·5	200·2	200·9	201·6	202·3	203·0	7
8	224·0	224·8	225·6	226·4	227·2	228·0	228·8	229·6	230·4	231·2	232·0	8
9	252·0	252·9	253·8	254·7	255·6	256·5	257·4	258·3	259·2	260·1	261·0	9

	290	291	292	293	294	295	296	297	298	299	300	
1	29·0	29·1	29·2	29·3	29·4	29·5	29·6	29·7	29·8	29·9	30·0	1
2	58·0	58·2	58·4	58·6	58·8	59·0	59·2	59·4	59·6	59·8	60·0	2
3	87·0	87·3	87·6	87·9	88·2	88·5	88·8	89·1	89·4	89·7	90·0	3
4	116·0	116·4	116·8	117·2	117·6	118·0	118·4	118·8	119·2	119·6	120·0	4
5	145·0	145·5	146·0	146·5	147·0	147·5	148·0	148·5	149·0	149·5	150·0	5
6	174·0	174·6	175·2	175·8	176·4	177·0	177·6	178·2	178·8	179·4	180·0	6
7	203·0	203·7	204·4	205·1	205·8	206·5	207·2	207·9	208·6	209·3	210·0	7
8	232·0	232·8	233·6	234·4	235·2	236·0	236·8	237·6	238·4	239·2	240·0	8
9	261·0	261·9	262·8	263·7	264·6	265·5	266·4	267·3	268·2	269·1	270·0	9

	300	301	302	303	304	305	306	307	308	309	310	
1	30·0	30·1	30·2	30·3	30·4	30·5	30·6	30·7	30·8	30·9	31·0	1
2	60·0	60·2	60·4	60·6	60·8	61·0	61·2	61·4	61·6	61·8	62·0	2
3	90·0	90·3	90·6	90·9	91·2	91·5	91·8	92·1	92·4	92·7	93·0	3
4	120·0	120·4	120·8	121·2	121·6	122·0	122·4	122·8	123·2	123·6	124·0	4
5	150·0	150·5	151·0	151·5	152·0	152·5	153·0	153·5	154·0	154·5	155·0	5
6	180·0	180·6	181·2	181·8	182·4	183·0	183·6	184·2	184·8	185·4	186·0	6
7	210·0	210·7	211·4	212·1	212·8	213·5	214·2	214·9	215·6	216·3	217·0	7
8	240·0	240·8	241·6	242·4	243·2	244·0	244·8	245·6	246·4	247·2	248·0	8
9	270·0	270·9	271·8	272·7	273·6	274·5	275·4	276·3	277·2	278·1	279·0	9

	310	311	312	313	314	315	316	317	318	319	320	
1	31·0	31·1	31·2	31·3	31·4	31·5	31·6	31·7	31·8	31·9	32·0	1
2	62·0	62·2	62·4	62·6	62·8	63·0	63·2	63·4	63·6	63·8	64·0	2
3	93·0	93·3	93·6	93·9	94·2	94·5	94·8	95·1	95·4	95·7	96·0	3
4	124·0	124·4	124·8	125·2	125·6	126·0	126·4	126·8	127·2	127·6	128·0	4
5	155·0	155·5	156·0	156·5	157·0	157·5	158·0	158·5	159·0	159·5	160·0	5
6	186·0	186·6	187·2	187·8	188·4	189·0	189·6	190·2	190·8	191·4	192·0	6
7	217·0	217·7	218·4	219·1	219·8	220·5	221·2	221·9	222·6	223·3	224·0	7
8	248·0	248·8	249·6	250·4	251·2	252·0	252·8	253·6	254·4	255·2	256·0	8
9	279·0	279·9	280·8	281·7	282·6	283·5	284·4	285·3	286·2	287·1	288·0	9

	320	321	322	323	324	325	326	327	328	329	330	
1	32·0	32·1	32·2	32·3	32·4	32·5	32·6	32·7	32·8	32·9	33·0	1
2	64·0	64·2	64·4	64·6	64·8	65·0	65·2	65·4	65·6	65·8	66·0	2
3	96·0	96·3	96·6	96·9	97·2	97·5	97·8	98·1	98·4	98·7	99·0	3
4	128·0	128·4	128·8	129·2	129·6	130·0	130·4	130·8	131·2	131·6	132·0	4
5	160·0	160·5	161·0	161·5	162·0	162·5	163·0	163·5	164·0	164·5	165·0	5
6	192·0	192·6	193·2	193·8	194·4	195·0	195·6	196·2	196·8	197·4	198·0	6
7	224·0	224·7	225·4	226·1	226·8	227·5	228·2	228·9	229·6	230·3	231·0	7
8	256·0	256·8	257·6	258·4	259·2	260·0	260·8	261·6	262·4	263·2	264·0	8
9	288·0	288·9	289·8	290·7	291·6	292·5	293·4	294·3	295·2	296·1	297·0	9

	330	331	332	333	334	335	336	337	338	339	340	
1	33·0	33·1	33·2	33·3	33·4	33·5	33·6	33·7	33·8	33·9	34·0	1
2	66·0	66·2	66·4	66·6	66·8	67·0	67·2	67·4	67·6	67·8	68·0	2
3	99·0	99·3	99·6	99·9	100·2	100·5	100·8	101·1	101·4	101·7	102·0	3
4	132·0	132·4	132·8	133·2	133·6	134·0	134·4	134·8	135·2	135·6	136·0	4
5	165·0	165·5	166·0	166·5	167·0	167·5	168·0	168·5	169·0	169·5	170·0	5
6	198·0	198·6	199·2	199·8	200·4	201·0	201·6	202·2	202·8	203·4	204·0	6
7	231·0	231·7	232·4	233·1	233·8	234·5	235·2	235·9	236·6	237·3	238·0	7
8	264·0	264·8	265·6	266·4	267·2	268·0	268·8	269·6	270·4	271·2	272·0	8
9	297·0	297·9	298·8	299·7	300·6	301·5	302·4	303·3	304·2	305·1	306·0	9

	340	341	342	343	344	345	346	347	348	349	350	
1	34·0	34·1	34·2	34·3	34·4	34·5	34·6	34·7	34·8	34·9	35·0	1
2	68·0	68·2	68·4	68·6	68·8	69·0	69·2	69·4	69·6	69·8	70·0	2
3	102·0	102·3	102·6	102·9	103·2	103·5	103·8	104·1	104·4	104·7	105·0	3
4	136·0	136·4	136·8	137·2	137·6	138·0	138·4	138·8	139·2	139·6	140·0	4
5	170·0	170·5	171·0	171 5	172·0	172·5	173·0	173·5	174·0	174·5	175·0	5
6	204·0	204·6	205·2	205·8	206·4	207·0	207·6	208·2	208·8	209·4	210·0	6
7	238·0	238·7	239·4	240·1	240·8	241·5	242·2	242·9	243·6	244·3	245·0	7
8	272·0	272·8	273·6	274·4	275·2	276·0	276·8	277·6	278·4	279·2	280·0	8
9	306·0	306·9	307·8	308·7	309·6	310·5	311·4	312·3	313·2	314·1	315·0	9

	350	351	352	353	354	355	356	357	358	359	360	
1	35·0	35·1	35·2	35·3	35·4	35·5	35·6	35·7	35·8	35·9	36·0	1
2	70·0	70·2	70·4	70·6	70·8	71·0	71·2	71·4	71·6	71·8	72·0	2
3	105·0	105·3	105·6	105·9	106·2	106·5	106·8	107·1	107·4	107·7	108·0	3
4	140·0	140·4	140·8	141·2	141·6	142·0	142·4	142·8	143·2	143·6	144·0	4
5	175·0	175·5	176·0	176·5	177·0	177·5	178·0	178·5	179·0	179·5	180·0	5
6	210·0	210·6	211·2	211·8	212·4	213·0	213·6	214·2	214·8	215·4	216·0	6
7	245·0	245·7	246·4	247·1	247·8	248·5	249·2	249·9	250·6	251·3	252·0	7
8	280·0	280·8	281·6	282·4	283·2	284·0	284·8	285·6	286·4	287·2	288·0	8
9	315·0	315·9	316·8	317·7	318·6	319·5	320·4	321·3	322·2	323·1	324·0	9
	360	**361**	**362**	**363**	**364**	**365**	**366**	**367**	**368**	**369**	**370**	
1	36·0	36·1	36·2	36·3	36·4	36·5	36·6	36·7	36·8	36·9	37·0	1
2	72·0	72·2	72·4	72·6	72·8	73·0	73·2	73·4	73·6	73·8	74·0	2
3	108·0	108·3	108·6	108·9	109·2	109·5	109·8	110·1	110·4	110·7	111·0	3
4	144·0	144·4	144·8	145·2	145·6	146·0	146·4	146·8	147·2	147·6	148·0	4
5	180·0	180·5	181·0	181·5	182·0	182·5	183·0	183·5	184·0	184·5	185·0	5
6	216·0	216·6	217·2	217·8	218·4	219·0	219·6	220·2	220·8	221·4	222·0	6
7	252·0	252·7	253·4	254·1	254·8	255·5	256·2	256·9	257·6	258·3	259·0	7
8	288·0	288·8	289·6	290·4	291·2	292·0	292·8	293·6	294·4	295·2	296·0	8
9	324·0	324·9	325·8	326·7	327·6	328·5	329·4	330·3	331·2	332·1	333·0	9
	370	**371**	**372**	**373**	**374**	**375**	**376**	**377**	**378**	**379**	**380**	
1	37·0	37·1	37·2	37·3	37·4	37·5	37·6	37·7	37·8	37·9	38·0	1
2	74·0	74·2	74·4	74·6	74·8	75·0	75·2	75·4	75·6	75·8	76·0	2
3	111·0	111·3	111·6	111·9	112·2	112·5	112·8	113·1	113·4	113·7	114·0	3
4	148·0	148·4	148·8	149·2	149·6	150·0	150·4	150·8	151·2	151·6	152·0	4
5	185·0	185·5	186·0	186·5	187·0	187·5	188·0	188·5	189·0	189·5	190·0	5
6	222·0	222·6	223·2	223·8	224·4	225·0	225·6	226·2	226·8	227·4	228·0	6
7	259·0	259·7	260·4	261·1	261·8	262·5	263·2	263·9	264·6	265·3	266·0	7
8	296·0	296·8	297·6	298·4	299·2	300·0	300·8	301·6	302·4	303·2	304·0	8
9	333·0	333·9	334·8	335·7	336·6	337·5	338·4	339·3	340·2	341·1	342·0	9
	380	**381**	**382**	**383**	**384**	**385**	**386**	**387**	**388**	**389**	**390**	
1	38·0	38·1	38·2	38·3	38·4	38·5	38·6	38·7	38·8	38·9	39·0	1
2	76·0	76·2	76·4	76·6	76·8	77·0	77·2	77·4	77·6	77·8	78·0	2
3	114·0	114·3	114·6	114·9	115·2	115·5	115·8	116·1	116·4	116·7	117·0	3
4	152·0	152·4	152·8	153·2	153·6	154·0	154·4	154·8	155·2	155·6	156·0	4
5	190·0	190·5	191·0	191·5	192·0	192·5	193·0	193·5	194·0	194·5	195·0	5
6	228·0	228·6	229·2	229·8	230·4	231·0	231·6	232·2	232·8	233·4	234·0	6
7	266·0	266·7	267·4	268·1	268·8	269·5	270·2	270·9	271·6	272·3	273·0	7
8	304·0	304·8	305·6	306·4	307·2	308·0	308·8	309·6	310·4	311·2	312·0	8
9	342·0	342·9	343·8	344·7	345·6	346·5	347·4	348·3	349·2	350·1	351·0	9
	390	**391**	**392**	**393**	**394**	**395**	**396**	**397**	**398**	**399**	**400**	
1	39·0	39·1	39·2	39·3	39·4	39·5	39·6	39·7	39·8	39·9	40·0	1
2	78·0	78·2	78·4	78·6	78·8	79·0	79·2	79·4	79·6	79·8	80·0	2
3	117·0	117·3	117·6	117·9	118·2	118·5	118·8	119·1	119·4	119·7	120·0	3
4	156·0	156·4	156·8	157·2	157·6	158·0	158·4	158·8	159·2	159·6	160·0	4
5	195·0	195·5	196·0	196·5	197·0	197·5	198·0	198·5	199·0	199·5	200·0	5
6	234·0	234·6	235·2	235·8	236·4	237·0	237·6	238·2	238·8	239·4	240·0	6
7	273·0	273·7	274·4	275·1	275·8	276·5	277·2	277·9	278·6	279·3	280·0	7
8	312·0	312·8	313·6	314·4	315·2	316·0	316·8	317·6	318·4	319·2	320·0	8
9	351·0	351·9	352·8	353·7	354·6	355·5	356·4	357·3	358·2	359·1	360·0	9

	400	401	402	403	404	405	406	407	408	409	410	
1	40·0	40·1	40·2	40·3	40·4	40·5	40·6	40·7	40·8	40·9	41·0	1
2	80·0	80·2	80·4	80·6	80·8	81·0	81·2	81·4	81·6	81·8	82·0	2
3	120·0	120·3	120·6	120·9	121·2	121·5	121·8	122·1	122·4	122·7	123·0	3
4	160·0	160·4	160·8	161·2	161·6	162·0	162·4	162·8	163·2	163·6	164·0	4
5	200·0	200·5	201·0	201·5	202·0	202·5	203·0	203·5	204·0	204·5	205·0	5
6	240·0	240·6	241·2	241·8	242·4	243·0	243·6	244·2	244·8	245·4	246·0	6
7	280·0	280·7	281·4	282·1	282·8	283·5	284·2	284·9	285·6	286·3	287·0	7
8	320·0	320·8	321·6	322·4	323·2	324·0	324·8	325·6	326·4	327·2	328·0	8
9	360·0	360·9	361·8	362·7	363·6	364·5	365·4	366·3	367·2	368·1	369·0	9
	410	411	412	413	414	415	416	417	418	419	420	
1	41·0	41·1	41·2	41·3	41·4	41·5	41·6	41·7	41·8	41·9	42·0	1
2	82·0	82·2	82·4	82·6	82·8	83·0	83·2	83·4	83·6	83·8	84·0	2
3	123·0	123·3	123·6	123·9	124·2	124·5	124·8	125·1	125·4	125·7	126·0	3
4	164·0	164·4	164·8	165·2	165·6	166·0	166·4	166·8	167·2	167·6	168·0	4
5	205·0	205·5	206·0	206·5	207·0	207·5	208·0	208·5	209·0	209·5	210·0	5
6	246·0	246·6	247·2	247·8	248·4	249·0	249·6	250·2	250·8	251·4	252·0	6
7	287·0	287·7	288·4	289·1	289·8	290·5	291·2	221·9	292·6	293·3	294·0	7
8	328·0	328·8	329·6	330·4	331·2	332·0	332·8	333·6	334·4	335·2	336·0	8
9	369·0	369·9	370·8	371·7	372·6	373·5	374·4	375·3	376·2	377·1	378·0	9
	420	421	422	423	424	425	426	427	428	429	430	
1	42·0	42·1	42·2	42·3	42·4	42·5	42·6	42·7	42·8	42·9	43·0	1
2	84·0	84·2	84·4	84·6	84·8	85·0	85·2	85·4	85·6	85·8	86·0	2
3	126·0	126·3	126·6	126·9	127·2	127·5	127·8	128·1	128·4	128·7	129·0	3
4	168·0	168·4	168·8	169·2	169·6	170·0	170·4	170·8	171·2	171·6	172·0	4
5	210·0	210·5	211·0	211·5	212·0	212·5	213·0	213·5	214·0	214·5	215·0	5
6	252·0	252·6	253·2	253·8	254·4	255·0	255·6	256·2	256·8	257·4	258·9	6
7	294·0	294·7	295·4	296·1	296·8	297·5	298·2	298·9	299·6	300·3	301·0	7
8	336·0	336·8	337·6	338·4	339·2	340·0	340·8	341·6	342·4	343·2	344·0	8
9	378·0	378·9	379·8	380·7	381·6	382·5	383·4	384·3	385·2	386·1	387·0	9
	430	431	432	433	434	435	436	437	438	439	440	
1	43·0	43·1	43·2	43·3	43·4	43·5	43·6	43·7	43·8	43·9	44·0	1
2	86·0	86·2	86·4	86·6	86·8	87·0	87·2	87·4	87·6	87·8	88·0	2
3	129·0	129·3	129·6	129·9	130·2	130·5	130·8	131·1	131·4	131·7	132·0	3
4	172·0	172·4	172·8	173·2	173·6	174·0	174·4	174·8	175·2	175·6	176·0	4
5	215·0	215·5	216·0	216·5	217·0	217·5	218·0	218·5	219·0	219·5	220·0	5
6	258·0	258·6	259·2	259·8	260·4	261·0	261·6	262·2	262·8	263·4	264·0	6
7	301·0	301·7	302·4	303·1	303·8	304·5	305·2	305·9	306·6	307·3	308·0	7
8	344·0	344·8	345·6	346·4	347·2	348·0	348·8	349·6	350·4	351·2	352·0	8
9	387·0	387·9	388·8	389·7	390·6	391·5	392·4	393·3	394·2	395·1	396·0	9
	440	441	442	443	444	445	446	447	448	449	450	
1	44·0	44·1	44·2	44·3	44·4	44·5	44·6	44·7	44·8	44·9	45·0	1
2	88·0	88·2	88·4	88·6	88·8	89·0	89·2	89·4	89·6	89·8	90·0	2
3	132·0	132·3	132·6	132·9	133·2	133·5	133·8	134·1	134·4	134·7	135·0	3
4	176·0	176·4	176·8	177·2	177·6	178·0	178·4	178·8	179·2	179·6	180·0	4
5	220·0	220·5	221·0	221·5	222·0	222·5	223·0	223·5	224·0	224·5	225·0	5
6	264·0	264·6	265·2	265·8	266·4	267·0	267·6	268·2	268·8	269·4	270·0	6
7	308·0	308·7	309·4	310·1	310·8	311·5	312·2	312·9	313·6	314·3	315·0	7
8	352·0	352·8	353·6	354·4	355·2	356·0	356·8	357·6	358·4	359·2	360·0	8
9	396·0	396·9	397·8	398·7	399·6	400·5	401·4	402·3	403·2	404·1	405·0	9

	450	451	452	453	454	455	456	457	458	459	460	
1	45·0	45·1	45·2	45·3	45·4	45·5	45·6	45·7	45·8	45·9	46·0	1
2	90·0	90·2	90·4	90·6	90·8	91·0	91·2	91·4	91·6	91·8	92·0	2
3	135·0	135·3	135·6	135·9	136·2	136·5	136·8	137·1	137·4	137·7	138·0	3
4	180·0	180·4	180·8	181·2	181·6	182·0	182·4	182·8	183·2	183·6	184·0	4
5	225·0	225·5	226·0	226·5	227·0	227·5	228·0	228·5	229·0	229·5	230·0	5
6	270·0	270·6	271·2	271·8	272·4	273·0	273·6	274·2	274·8	275·4	276·0	6
7	315·0	315·7	316·4	317·1	317·8	318·5	319·2	319·9	320·6	321·3	322·0	7
8	360·0	360·8	361·6	362·4	363·2	364·0	364·8	365·6	366·4	367·2	368·0	8
9	405·0	405·9	406·8	407·7	408·6	409·5	410·4	411·3	412·2	413·1	414·0	9

	460	461	462	463	464	465	466	467	468	469	470	
1	46·0	46·1	46·2	46·3	46·4	46·5	46·6	46·7	46·8	46·9	47·0	1
2	92·0	92·2	92·4	92·6	92·8	93·0	93·2	93·4	93·6	93·8	94·0	2
3	138·0	138·3	138·6	138·9	139·2	139·5	139·8	140·1	140·4	140·7	141·0	3
4	184·0	184·4	184·8	185·2	185·6	186·0	186·4	186·8	187·2	187·6	188·0	4
5	230·0	230·5	231·0	231·5	232·0	232·5	233·0	233·5	234·0	234·5	235·0	5
6	276·0	276·6	277·2	277·8	278·4	279·0	279·6	280·2	280·8	281·4	282·0	6
7	322·0	322·7	323·4	324·1	324·8	325·5	326·2	326·9	327·6	328·3	329·0	7
8	368·0	368·8	369·6	370·4	371·2	372·0	372·8	373·6	374·4	375·2	376·0	8
9	414·0	414·9	415·8	416·7	417·6	418·5	419·4	420·3	421·2	422·1	423·0	9

	470	471	472	473	474	475	476	477	478	479	480	
1	47·0	47·1	47·2	47·3	47·4	47·5	47·6	47·7	47·8	47·9	48·0	1
2	94·0	94·2	94·4	94·6	94·8	95·0	95·2	95·4	95·6	95·8	96·0	2
3	141·0	141·3	141·6	141·9	142·2	142·5	142·8	143·1	143·4	143·7	144·0	3
4	188·0	188·4	188·8	189·2	189·6	190·0	190·4	190·8	191·2	191·6	192·0	4
5	235·0	235·5	236·0	236·5	237·0	237·5	238·0	238·5	239·0	239·5	240·0	5
6	282·0	282·6	283·2	283·8	284·4	285·0	285·6	286·2	286·8	287·4	288·0	6
7	329·0	329·7	330·4	331·1	331·8	332·5	333·2	333·9	334·6	335·3	336·0	7
8	376·0	376·8	377·6	378·4	379·2	380·0	380·8	381·6	382·4	383·2	384·0	8
9	423·0	423·9	424·8	425·7	426·6	427·5	428·4	429·3	430·2	431·1	432·0	9

	480	481	482	483	484	485	486	487	488	489	490	
1	48·0	48·1	48·2	48·3	48·4	48·5	48·6	48·7	48·8	48·9	49·0	1
2	96·0	96·2	96·4	96·6	96·8	97·0	97·2	97·4	97·6	97·8	98·0	2
3	144·0	144·3	144·6	144·9	145·2	145·5	145·8	146·1	146·4	146·7	147·0	3
4	192·0	192·4	192·8	193·2	193·6	194·0	194·4	194·8	195·2	195·6	196·0	4
5	240·0	240·5	241·0	241·5	242·0	242·5	243·0	243·5	244·0	244·5	245·0	5
6	288·0	288·6	289·2	289·8	290·4	291·0	291·6	292·2	292·8	293·4	294·0	6
7	336·0	336·7	337·4	338·1	338·8	339·5	340·2	340·9	341·6	342·3	343·0	7
8	384·0	384·8	385·6	386·4	387·2	388·0	388·8	389·6	390·4	391·2	392·0	8
9	432·0	432·9	433·8	434·7	435·6	436·5	437·4	438·3	439·2	440·1	441·0	9

	490	491	492	493	494	495	496	497	498	499	500	
1	49·0	49·1	49·2	49·3	49·4	49·5	49·6	49·7	49·8	49·9	50·0	1
2	98·0	98·2	98·4	98·6	98·8	99·0	99·2	99·4	99·6	99·8	100·0	2
3	147·0	147·3	147·6	147·9	148·2	148·5	148·8	149·1	149·4	149·7	150·0	3
4	196·0	196·4	196·8	197·2	197·6	198·0	198·4	198·8	199·2	199·6	200·0	4
5	245·0	245·5	246·0	246·5	247·0	247·5	248·0	248·5	249·0	249·5	250·0	5
6	294·0	294·6	295·2	295·8	296·4	297·0	297·6	298·2	298·8	299·4	300·0	6
7	343·0	343·7	344·4	345·1	345·8	346·5	347·2	347·9	348·6	349·3	350·0	7
8	392·0	392·8	393·6	394·4	395·2	396·0	396·8	397·6	398·4	399·2	400·0	8
9	441·0	441·9	442·8	443·7	444·6	445·5	446·4	447·3	448·2	449·1	450·0	9

	500	501	502	503	504	505	506	507	508	509	510	
1	50·0	50·1	50·2	50·3	50·4	50·5	50·6	50·7	50·8	50·9	51·0	1
2	100·0	100·2	100·4	100·6	100·8	101·0	101·2	101·4	101·6	101·8	102·0	2
3	150·0	150·3	150·6	150·9	151·2	151·5	151·8	152·1	152·4	152·7	153·0	3
4	200·0	200·4	200·8	201·2	201·6	202·0	202·4	202·8	203·2	203·6	204·0	4
5	250·0	250·5	251·0	251·5	252·0	252·5	253·0	253·5	254·0	254·5	255·0	5
6	300·0	300·6	301·2	301·8	302·4	303·0	303·6	304·2	304·8	305·4	306·0	6
7	350·0	350·7	351·4	352·1	352·8	353·5	354·2	354·9	355·6	356·3	357·0	7
8	400·0	400·8	401·6	402·4	403·2	404·0	404·8	405·6	406·4	407·2	408·0	8
9	450·0	450·9	451·8	452·7	453·6	454·5	455·4	456·3	457·2	458·1	459·0	9
	510	511	512	513	514	515	516	517	518	519	520	
1	51·0	51·1	51·2	51·3	51·4	51·5	51·6	51·7	51·8	51·9	52·0	1
2	102·0	102·2	102·4	102·6	102·8	103·0	103·2	103·4	103·6	103·8	104·0	2
3	153·0	153·3	153·6	153·9	154·2	154·5	154·8	155·1	155·4	155·7	156·0	3
4	204·0	204·4	204·8	205·2	205·6	206·0	206·4	206·8	207·2	207·6	208·0	4
5	255·0	255·5	256·0	256·5	257·0	257·5	258·0	258·5	259·0	259·5	260·0	5
6	306·0	306·6	307·2	307·8	308·4	309·0	309·6	310·2	310·8	311·4	312·0	6
7	357·0	357·7	358·4	359·1	359·8	360·5	361·2	361·9	362·6	363·3	364·0	7
8	408·0	408·8	409·6	410·4	411·2	412·0	412·8	413·6	414·4	415·2	416·0	8
9	459·0	459·9	460·8	461·7	462·6	463·5	464·4	465·3	466·2	467·1	468·0	9
	520	521	522	523	524	525	526	527	528	529	530	
1	52·0	52·1	52·2	52·3	52·4	52·5	52·6	52·7	52·8	52·9	53·0	1
2	104·0	104·2	104·4	104·6	104·8	105·0	105·2	105·4	105·6	105·8	106·0	2
3	156·0	156·3	156·6	156·9	157·2	157·5	157·8	158·1	158·4	158·7	159·0	3
4	208·0	208·4	208·8	209·2	209·6	210·0	210·4	210·8	211·2	211·6	212·0	4
5	260·0	260·5	261·0	261·5	262·0	262·5	263·0	263·5	264·0	264·5	265·0	5
6	312·0	312·6	313·2	313·8	314·4	315·0	315·6	316·2	316·8	317·4	318·0	6
7	364·0	364·7	365·4	366·1	366·8	367·5	368·2	368·9	369·6	370·3	371·0	7
8	416·0	416·8	417·6	418·4	419·2	420·0	420·8	421·6	422·4	423·2	424·0	8
9	468·0	468·9	469·8	470·7	471·6	472·5	473·4	474·3	475·2	476·1	477·0	9
	530	531	532	533	534	535	536	537	538	539	540	
1	53·0	53·1	53·2	53·3	53·4	53·5	53·6	53·7	53·8	53·9	54·0	1
2	106·0	106·2	106·4	106·6	106·8	107·0	107·2	107·4	107·6	107·8	108·0	2
3	159·0	159·3	159·6	159·9	160·2	160·5	160·8	161·1	161·4	161·7	162·0	3
4	212·0	212·4	212·8	213·2	213·6	214·0	214·4	214·8	215·2	215·6	216·0	4
5	265·0	265·5	266·0	266·5	267·0	267·5	268·0	268·5	269·0	269·5	270·0	5
6	318·0	318·6	319·2	319·8	320·4	321·0	321·6	322·2	322·8	323·4	324·0	6
7	371·0	371·7	372·4	373·1	373·8	374·5	375·2	375·9	376·6	377·3	378·0	7
8	424·0	424·8	425·6	426·4	427·2	428·0	428·8	429·6	430·4	431·2	432·0	8
9	477·0	477·9	478·8	479·7	480·6	481·5	482·4	483·3	484·2	485·1	486·0	9
	540	541	542	543	544	545	546	547	548	549	550	
1	54·0	54·1	54·2	54·3	54·4	54·5	54·6	54·7	54·8	54·9	55·0	1
2	108·0	108·2	108·4	108·6	108·8	109·0	109·2	109·4	109·6	109·8	110·0	2
3	162·0	162·3	162·6	162·9	163·2	163·5	163·8	164·1	164·4	164·7	165·0	3
4	216·0	216·4	216·8	217·2	217·6	218·0	218·4	218·8	219·2	219·6	220·0	4
5	270·0	270·5	271·0	271·5	272·0	272·5	273·0	273·5	274·0	274·5	275·0	5
6	324·0	324·6	325·2	325·8	326·4	327·0	327·6	328·2	328·8	329·4	330·0	6
7	378·0	378·7	379·4	380·1	380·8	381·5	382·2	382·9	383·6	384·3	385·0	7
8	432·0	432·8	433·6	434·4	435·2	436·0	436·8	437·6	438·4	439·2	440·0	8
9	486·0	486·9	487·8	488·7	489·6	490·5	491·4	492·3	493·2	494·1	495·0	9

	550	551	552	553	554	555	556	557	558	559	560	
1	55·0	55·1	55·2	55·3	55·4	55·5	55·6	55·7	55·8	55·9	56·0	1
2	110·0	110·2	110·4	110·6	110·8	111·0	111·2	111·4	111·6	111·8	112·0	2
3	165·0	165·3	165·6	165·9	166·2	166·5	166·8	167·1	167·4	167·7	168·0	3
4	220·0	220·4	220·8	221·2	221·6	222·0	222·4	222·8	223·2	223·6	224·0	4
5	275·0	275·5	276·0	276·5	277·0	277·5	278·0	278·5	279·0	279·5	280·0	5
6	330·0	330·6	331·2	331·8	332·4	333·0	333·6	334·2	334·8	335·4	336·0	6
7	385·0	385·7	386·4	387·1	387·8	388·5	389·2	389·9	390·6	391·3	392·0	7
8	440·0	440·8	441·6	442·4	443·2	444·0	444·8	445·6	446·4	447·2	448·0	8
9	495·0	495·9	496·8	497·7	498·6	499·5	500·4	501·3	502·2	503·1	504·0	9
	560	561	562	563	564	565	566	567	568	569	570	
1	56·0	56·1	56·2	56·3	56·4	56·5	56·6	56·7	56·8	56·9	57·0	1
2	112·0	112·2	112·4	112·6	112·8	113·0	113·2	113·4	113·6	113·8	114·0	2
3	168·0	168·3	168·6	168·9	169·2	169·5	169·8	170·1	170·4	170·7	171·0	3
4	224·0	224·4	224·8	225·2	225·6	226·0	226·4	226·8	227·2	227·6	228·0	4
5	280·0	280·5	281·0	281·5	282·0	282·5	283·0	283·5	284·0	284·5	285·0	5
6	336·0	336·6	337·2	337·8	338·4	339·0	339·6	340·2	340·8	341·4	342·0	6
7	392·0	392·7	393·4	394·1	394·8	395·5	396·2	396·9	397·6	398·3	399·0	7
8	448·0	448·8	449·6	450·4	451·2	452·0	452·8	453·6	454·4	455·2	456·0	8
9	504·0	504·9	505·8	506·7	507·6	508·5	509·4	510·3	511·2	512·1	513·0	9
	570	571	572	573	574	575	576	577	578	579	580	
1	57·0	57·1	57·2	57·3	57·4	57·5	57·6	57·7	57·8	57·9	58·0	1
2	114·0	114·2	114·4	114·6	114·8	115·0	115·2	115·4	115·6	115·8	116·0	2
3	171·0	171·3	171·6	171·9	172·2	172·5	172·8	173·1	173·4	173·7	174·0	3
4	228·0	228·4	228·8	229·2	229·6	230·0	230·4	230·8	231·2	231·6	232·0	4
5	285·0	285·5	286·0	286·5	287·0	287·5	288·0	288·5	289·0	289·5	290·0	5
6	342·0	342·6	343·2	343·8	344·4	345·0	345·6	346·2	346·8	347·4	348·0	6
7	399·0	399·7	400·4	401·1	401·8	402·5	403·2	403·9	404·6	405·3	406·0	7
8	456·0	456·8	457·6	458·4	459·2	460·0	460·8	461·6	462·4	463·2	464·0	8
9	513·0	513·9	514·8	515·7	516·6	517·5	518·4	519·3	520·2	521·1	522·0	9
	580	581	582	583	584	585	586	587	588	589	590	
1	58·0	58·1	58·2	58·3	58·4	58·5	58·6	58·7	58·8	58·9	59·0	1
2	116·0	116·2	116·4	116·6	116·8	117·0	117·2	117·4	117·6	117·8	118·0	2
3	174·0	174·3	174·6	174·9	175·2	175·5	175·8	176·1	176·4	176·7	177·0	3
4	232·0	232·4	232·8	233·2	233·6	234·0	234·4	234·8	235·2	235·6	236·0	4
5	290·0	290·5	291·0	291·5	292·0	292·5	293·0	293·5	294·0	294·5	295·0	5
6	348·0	348·6	349·2	349·8	350·4	351·0	351·6	352·2	352·8	353·4	354·0	6
7	406·0	406·7	407·4	408·1	408·8	409·5	410·2	410·9	411·6	412·3	413·0	7
8	464·0	464·8	465·6	466·4	467·2	468·0	468·8	469·6	470·4	471·2	472·0	8
9	522·0	522·9	523·8	524·7	525·6	526·5	527·4	528·3	529·2	530·1	531·0	9
	590	591	592	593	594	595	596	597	598	599	600	
1	59·0	59·1	59·2	59·3	59·4	59·5	59·6	59·7	59·8	59·9	60·0	1
2	118·0	118·2	118·4	118·6	118·8	119·0	119·2	119·4	119·6	119·8	120·0	2
3	177·0	177·3	177·6	177·9	178·2	178·5	178·8	179·1	179·4	179·7	180·0	3
4	236·0	236·4	236·8	237·2	237·6	238·0	238·4	238·8	239·2	239·6	240·0	4
5	295·0	295·5	296·0	296·5	297·0	297·5	298·0	298·5	299·0	299·5	300·0	5
6	354·0	354·6	355·2	355·8	356·4	357·0	357·6	358·2	358·8	359·4	360·0	6
7	413·0	413·7	414·4	415·1	415·8	416·5	417·2	417·9	418·6	419·3	420·0	7
8	472·0	472·8	473·6	474·4	475·2	476·0	476·8	477·6	478·4	479·2	480·0	8
9	531·0	531·9	532·8	533·7	534·6	535·5	536·4	537·3	538·2	539·1	540·0	9

	600	601	602	603	604	605	606	607	608	609	610	
1	60·0	60·1	60·2	60·3	60·4	60·5	60·6	60·7	60·8	60·9	61·0	1
2	120·0	120·2	120·4	120·6	120·8	121·0	121·2	121·4	121·6	121·8	122·0	2
3	180·0	180·3	180·6	180·9	181·2	181·5	181·8	182·1	182·4	182·7	183·0	3
4	240·0	240·4	240·8	241·2	241·6	242·0	242·4	242·8	243·2	243·6	244·0	4
5	300·0	300·5	301·0	301·5	302·0	302·5	303·0	303·5	304·0	304·5	305·0	5
6	360·0	360·6	361·2	361·8	362·4	363·0	363·6	364·2	364·8	365·4	366·0	6
7	420·0	420·7	421·4	422·1	422·8	423·5	424·2	424·9	425·6	426·3	427·0	7
8	480·0	480·8	481·6	482·4	483·2	484·0	484·8	485·6	486·4	487·2	488·0	8
9	540·0	540·9	541·8	542·7	543·6	544·5	545·4	546·3	547·2	548·1	549·0	9

	610	611	612	613	614	615	616	617	618	619	620	
1	61·0	61·1	61·2	61·3	61·4	61·5	61·6	61·7	61·8	61·9	62·0	1
2	122·0	122·2	122·4	122·6	122·8	123·0	123·2	123·4	123·6	123·8	124·0	2
3	183·0	183·3	183·6	183·9	184·2	184·5	184·8	185·1	185·4	185·7	186·0	3
4	244·0	244·4	244·8	245·2	245·6	246·0	246·4	246·8	247·2	247·6	248·0	4
5	305·0	305·5	306·0	306·5	307·0	307·5	308·0	308·5	309·0	309·5	310·0	5
6	366·0	366·6	367·2	367·8	368·4	369·0	369·6	370·2	370·8	371·4	372·0	6
7	427·0	427·7	428·4	429·1	429·8	430·5	431·2	431·9	432·6	433·3	434·0	7
8	488·0	488·8	489·6	490·4	491·2	492·0	492·8	493·6	494·4	495·2	496·0	8
9	549·0	549·9	550·8	551·7	552·6	553·5	554·4	555·3	556·2	557·1	558·0	9

	620	621	622	623	624	625	626	627	628	629	630	
1	62·0	62·1	62·2	62·3	62·4	62·5	62·6	62·7	62·8	62·9	63·0	1
2	124·0	124·2	124·4	124·6	124·8	125·0	125·2	125·4	125·6	125·8	126·0	2
3	186·0	186·3	186·6	186·9	187·2	187·5	187·8	188·1	188·4	188·7	189·0	3
4	248·0	248·4	248·8	249·2	249·6	250·0	250·4	250·8	251·2	251·6	252·0	4
5	310·0	310·5	311·0	311·5	312·0	312·5	313·0	313·5	314·0	314·5	315·0	5
6	372·0	372·6	373·2	373·8	374·4	375·0	375·6	376·2	376·8	377·4	378·0	6
7	434·0	434·7	435·4	436·1	436·8	437·5	438·2	438·9	439·6	440·3	441·0	7
8	496·0	496·8	497·6	498·4	499·2	500·0	500·8	501·6	502·4	503·2	504·0	8
9	558·0	558·9	559·8	560·7	561·6	562·5	563·4	564·3	565·2	566·1	567·0	9

	630	631	632	633	634	635	636	637	638	639	640	
1	63·0	63·1	63·2	63·3	63·4	63·5	63·6	63·7	63·8	63·9	64·0	1
2	126·0	126·2	126·4	126·6	126·8	127·0	127·2	127·4	127·6	127·8	128·0	2
3	189·0	189·3	189·6	189·9	190·2	190·5	190·8	191·1	191·4	191·7	192·0	3
4	252·0	252·4	252·8	253·2	253·6	254·0	254·4	254·8	255·2	255·6	256·0	4
5	315·0	315·5	316·0	316·5	317·0	317·5	318·0	318·5	319·0	319·5	320·0	5
6	378·0	378·6	379·2	379·8	380·4	381·0	381·6	382·2	382·8	383·4	384·0	6
7	441·0	441·7	442·4	443·1	443·8	444·5	445·2	445·9	446·6	447·3	448·0	7
8	504·0	504·8	505·6	506·4	507·2	508·0	508·8	509·6	510·4	511·2	512·0	8
9	567·0	567·9	568·8	569·7	570·6	571·5	572·4	573·3	574·2	575·1	576·0	9

	640	641	642	643	644	645	646	647	648	649	650	
1	64·0	64·1	64·2	64·3	64·4	64·5	64·6	64·7	64·8	64·9	65·0	1
2	128·0	128·2	128·4	128·6	128·8	129·0	129·2	129·4	129·6	129·8	130·0	2
3	192·0	192·3	192·6	192·9	193·2	193·5	193·8	194·1	194·4	194·7	195·0	3
4	256·0	256·4	256·8	257·2	257·6	258·0	258·4	258·8	259·2	259·6	260·0	4
5	320·0	320·5	321·0	321·5	322·0	322·5	323·0	323·5	324·0	324·5	325·0	5
6	384·0	384·6	385·2	385·8	386·4	387·0	387·6	388·2	388·8	389·4	390·0	6
7	448·0	448·7	449·4	450·1	450·8	451·5	452·2	452·9	453·6	454·3	455·0	7
8	512·0	512·8	513·6	514·4	515·2	516·0	516·8	517·6	518·4	519·2	520·0	8
9	576·0	576·9	577·8	578·7	579·6	580·5	581·4	582·3	583·2	584·1	585·0	9

	650	651	652	653	654	655	656	657	658	659	660	
1	65·0	65·1	65·2	65·3	65·4	65·5	65·6	65·7	65·8	65·9	66·0	1
2	130·0	130·2	130·4	130·6	130·8	131·0	131·2	131·4	131·6	131·8	132·0	2
3	195·0	195·3	195·6	195·9	196·2	196·5	196·8	197·1	197·4	197·7	198·0	3
4	260·0	260·4	260·8	261·2	261·6	262·0	262·4	262·8	263·2	263·6	264·0	4
5	325·0	325·5	326·0	326·5	327·0	327·5	328·0	328·5	329·0	329·5	330·0	5
6	390·0	390·6	391·2	391·8	392·4	393·0	393·6	394·2	394·8	395·4	396·0	6
7	455·0	455·7	456·4	457·1	457·8	458·5	459·2	459·9	460·6	461·3	462·0	7
8	520·0	520·8	521·6	522·4	523·2	524·0	524·8	525·6	526·4	527·2	528·0	8
9	585·0	585·9	586·8	587·7	588·6	589·5	590·4	591·3	592·2	593·1	594·0	9

	660	661	662	663	664	665	666	667	668	669	670	
1	66·0	66·1	66·2	66·3	66·4	66·5	66·6	66·7	66·8	66·9	67·0	1
2	132·0	132·2	132·4	132·6	132·8	133·0	133·2	133·4	133·6	133·8	134·0	2
3	198·0	198·3	198·6	198·9	199·2	199·5	199·8	200·1	200·4	200·7	201·0	3
4	264·0	264·4	264·8	265·2	265·6	266·0	266·4	266·8	267·2	267·6	268·0	4
5	330·0	330·5	331·0	331·5	332·0	332·5	333·0	333·5	334·0	334·5	335·0	5
6	396·0	396·6	397·2	397·8	398·4	399·0	399·6	400·2	400·8	401·4	402·0	6
7	462·0	462·7	463·4	464·1	464·8	465·5	466·2	466·9	467·6	468·3	469·0	7
8	528·0	528·8	529·6	530·4	531·2	532·0	532·8	533·6	534·4	535·2	536·0	8
9	594·0	594·9	595·8	596·7	597·6	598·5	599·4	600·3	601·2	602·1	603·0	9

	670	671	672	673	674	675	676	677	678	679	680	
1	67·0	67·1	67·2	67·3	67·4	67·5	67·6	67·7	67·8	67·9	68·0	1
2	134·0	134·2	134·4	134·6	134·8	135·0	135·2	135·4	135·6	135·8	136·0	2
3	201·0	201·3	201·6	201·9	202·2	202·5	202·8	203·1	203·4	203·7	204·0	3
4	268·0	268·4	268·8	269·2	269·6	270·0	270·4	270·8	271·2	271·6	272·0	4
5	335·0	335·5	336·0	336·5	337·0	337·5	338·0	338·5	339·0	339·5	340·0	5
6	402·0	402·6	403·2	403·8	404·4	405·0	405·6	406·2	406·8	407·4	408·0	6
7	469·0	469·7	470·4	471·1	471·8	472·5	473·2	473·9	474·6	475·3	476·0	7
8	536·0	536·8	537·6	538·4	539·2	540·0	540·8	541·6	542·4	543·2	544·0	8
9	603·0	603·9	604·8	605·7	606·6	607·5	608·4	609·3	610·2	611·1	612·0	9

	680	681	682	683	684	685	686	687	688	689	690	
1	68·0	68·1	68·2	68·3	68·4	68·5	68·6	68·7	68·8	68·9	69·0	1
2	136·0	136·2	136·4	136·6	136·8	137·0	137·2	137·4	137·6	137·8	138·0	2
3	204·0	204·3	204·6	204·9	205·2	205·5	205·8	206·1	206·4	206·7	207·0	3
4	272·0	272·4	272·8	273·2	273·6	274·0	274·4	274·8	275·2	275·6	276·0	4
5	340·0	340·5	341·0	341·5	342·0	342·5	343·0	343·5	344·0	344·5	345·0	5
6	408·0	408·6	409·2	409·8	410·4	411·0	411·6	412·2	412·8	413·4	414·0	6
7	476·0	476·7	477·4	478·1	478·8	479·5	480·2	480·9	481·6	482·3	483·0	7
8	544·0	544·8	545·6	546·4	547·2	548·0	548·8	549·6	550·4	551·2	552·0	8
9	612·0	612·9	613·8	614·7	615·6	616·5	617·4	618·3	619·2	620·1	621·0	9

	690	691	692	693	694	695	696	697	698	699	700	
1	69·0	69·1	69·2	69·3	69·4	69·5	69·6	69·7	69·8	69·9	70·0	1
2	138·0	138·2	138·4	138·6	138·8	139·0	139·2	139·4	139·6	139·8	140·0	2
3	207·0	207·3	207·6	207·9	208·2	208·5	208·8	209·1	209·4	209·7	210·0	3
4	276·0	276·4	276·8	277·2	277·6	278·0	278·4	278·8	279·2	279·6	280·0	4
5	345·0	345·5	346·0	346·5	347·0	347·5	348·0	348·5	349·0	349·5	350·0	5
6	414·0	414·6	415·2	415·8	416·4	417·0	417·6	418·2	418·8	419·4	420·0	6
7	483·0	483·7	484·4	485·1	485·8	486·5	487·2	487·9	488·6	489·3	490·0	7
8	552·0	552·8	553·6	554·4	555·2	556·0	556·8	557·6	558·4	559·2	560·0	8
9	621·0	621·9	622·8	623·7	624·6	625·5	626·4	627·3	628·2	629·1	630·0	9

	700	701	702	703	704	705	706	707	708	709	710	
1	70·0	70·1	70·2	70·3	70·4	70·5	70·6	70·7	70·8	70·9	71·0	1
2	140·0	140·2	140·4	140·6	140·8	141·0	141·2	141·4	141·6	141·8	142·0	2
3	210·0	210·3	210·6	210·9	211·2	211·5	211·8	212·1	212·4	212·7	213·0	3
4	280·0	280·4	280·8	281·2	281·6	282·0	282·4	282·8	283·2	283·6	284·0	4
5	350·0	350·5	351·0	351·5	352·0	352·5	353·0	353·5	354·0	354·5	355·0	5
6	420·0	420·6	421·2	421·8	422·4	423·0	423·6	424·2	424·8	425·4	426·0	6
7	490·0	490·7	491·4	492·1	492·8	493·5	494·2	494·9	495·6	496·3	497·0	7
8	560·0	560·8	561·6	562·4	563·2	564·0	564·8	565·6	566·4	567·2	568·0	8
9	630·0	630·9	631·8	632·7	633·6	634·5	635·4	636·3	637·2	638·1	639·0	9
	710	**711**	**712**	**713**	**714**	**715**	**716**	**717**	**718**	**719**	**720**	
1	71·0	71·1	71·2	71·3	71·4	71·5	71·6	71·7	71·8	71·9	72·0	1
2	142·0	142·2	142·4	142·6	142·8	143·0	143·2	143·4	143·6	143·8	144·0	2
3	213·0	213·3	213·6	213·9	214·2	214·5	214·8	215·1	215·4	215·7	216·0	3
4	284·0	284·4	284·8	285·2	285·6	286·0	286·4	286·8	287·2	287·6	288·0	4
5	355·0	355·5	356·0	356·5	357·0	357·5	358·0	358·5	359·0	359·5	360·0	5
6	426·0	426·6	427·2	427·8	428·4	429·0	429·6	430·2	430·8	431·4	432·0	6
7	497·0	497·7	498·4	499·1	499·8	500·5	501·2	501·9	502·6	503·3	504·0	7
8	568·0	568·8	569·6	570·4	571·2	572·0	572·8	573·6	574·4	575·2	576·0	8
9	639·0	639·9	640·8	641·7	642·6	643·5	644·4	645·3	646·2	647·1	648·0	9
	720	**721**	**722**	**723**	**724**	**725**	**726**	**727**	**728**	**729**	**730**	
1	72·0	72·1	72·2	72·3	72·4	72·5	72·6	72·7	72·8	72·9	73·0	1
2	144·0	144·2	144·4	144·6	144·8	145·0	145·2	145·4	145·6	145·8	146·0	2
3	216·0	216·3	216·6	216·9	217·2	217·5	217·8	218·1	218·4	218·7	219·0	3
4	288·0	288·4	288·8	289·2	289·6	290·0	290·4	290·8	291·2	291·6	292·0	4
5	360·0	360·5	361·0	361·5	362·0	362·5	363·0	363·5	364·0	364·5	365·0	5
6	432·0	432·6	433·2	433·8	434·4	435·0	435·6	436·2	436·8	437·4	438·0	6
7	504·0	504·7	505·4	506·1	506·8	507·5	508·2	508·9	509·6	510·3	511·0	7
8	576·0	576·8	577·6	578·4	579·2	580·0	580·8	581·6	582·4	583·2	584·0	8
9	648·0	648·9	649·8	650·7	651·6	652·5	653·4	654·3	655·2	656·1	657·0	9
	730	**731**	**732**	**733**	**734**	**735**	**736**	**737**	**738**	**739**	**740**	
1	73·0	73·1	73·2	73·3	73·4	73·5	73·6	73·7	73·8	73·9	74·0	1
2	146·0	146·2	146·4	146·6	146·8	147·0	147·2	147·4	147·6	147·8	148·0	2
3	219·0	219·3	219·6	219·9	220·2	220·5	220·8	221·1	221·4	221·7	222·0	3
4	292·0	292·4	292·8	293·2	293·6	294·0	294·4	294·8	295·2	295·6	296·0	4
5	365·0	365·5	366·0	366·5	367·0	367·5	368·0	368·5	369·0	369·5	370·0	5
6	438·0	438·6	439·2	439·8	440·4	441·0	441·6	442·2	442·8	443·4	444·0	6
7	511·0	511·7	512·4	513·1	513·8	514·5	515·2	515·9	516·6	517·3	518·0	7
8	584·0	584·8	585·6	586·4	587·2	588·0	588·8	589·6	590·4	591·2	592·0	8
9	657·0	657·9	658·8	659·7	660·6	661·5	662·4	663·3	664·2	665·1	666·0	9
	740	**741**	**742**	**743**	**744**	**745**	**746**	**747**	**748**	**749**	**750**	
1	74·0	74·1	74·2	74·3	74·4	74·5	74·6	74·7	74·8	74·9	75·0	1
2	148·0	148·2	148·4	148·6	148·8	149·0	149·2	149·4	149·6	149·8	150·0	2
3	222·0	222·3	222·6	222·9	223·2	223·5	223·8	224·1	224·4	224·7	225·0	3
4	296·0	296·4	296·8	297·2	297·6	298·0	298·4	298·8	299·2	299·6	300·0	4
5	370·0	370·5	371·0	371·5	372·0	372·5	373·0	373·5	374·0	374·5	375·0	5
6	444·0	444·6	445·2	445·8	446·4	447·0	447·6	448·2	448·8	449·4	450·0	6
7	518·0	518·7	519·4	520·1	520·8	521·5	522·2	522·9	523·6	524·3	525·0	7
8	592·0	592·8	593·6	594·4	595·2	596·0	596·8	597·6	598·4	599·2	600·0	8
9	666·0	666·9	667·8	668·7	669·6	670·5	671·4	672·3	673·2	674·1	675·0	9

	750	751	752	753	754	755	756	757	758	759	760	
1	75·0	75·1	75·2	75·3	75·4	75·5	75·6	75·7	75·8	75·9	76·0	1
2	150·0	150·2	150·4	150·6	150·8	151·0	151·2	151·4	151·6	151·8	152·0	2
3	225·0	225·3	225·6	225·9	226·2	226·5	226·8	227·1	227·4	227·7	228·0	3
4	300·0	300·4	300·8	301·2	301·6	302·0	302·4	302·8	303·2	303·6	304·0	4
5	375·0	375·5	376·0	376·5	377·0	377·5	378·0	378·5	379·0	379·5	380·0	5
6	450·0	450·6	451·2	451·8	452·4	453·0	453·6	454·2	454·8	455·4	456·0	6
7	525·0	525·7	526·4	527·1	527·8	528·5	529·2	529·9	530·6	531·3	532·0	7
8	600·0	600·8	601·6	602·4	603·2	604·0	604·8	605·6	606·4	607·2	608·0	8
9	675·0	675·9	676·8	677·7	678·6	679·5	680·4	681·3	682·2	683·1	684·0	9
	760	**761**	**762**	**763**	**764**	**765**	**766**	**767**	**768**	**769**	**770**	
1	76·0	76·1	76·2	76·3	76·4	76·5	76·6	76·7	76·8	76·9	77·0	1
2	152·0	152·2	152·4	152·6	152·8	153·0	153·2	153·4	153·6	153·8	154·0	2
3	228·0	228·3	228·6	228·9	229·2	229·5	229·8	230·1	230·4	230·7	231·0	3
4	304·0	304·4	304·8	305·2	305·6	306·0	306·4	306·8	307·2	307·6	308·0	4
5	380·0	380·5	381·0	381·5	382·0	382·5	383·0	383·5	384·0	384·5	385·0	5
6	456·0	456·6	457·2	457·8	458·4	459·0	459·6	460·2	460·8	461·4	462·0	6
7	532·0	532·7	533·4	534·1	534·8	535·5	536·2	536·9	537·6	538·3	539·0	7
8	608·0	608·8	609·6	610·4	611·2	612·0	612·8	613·6	614·4	615·2	616·0	8
9	684·0	684·9	685·8	686·7	687·6	688·5	689·4	690·3	691·2	692·1	693·0	9
	770	**771**	**772**	**773**	**774**	**775**	**776**	**777**	**778**	**779**	**780**	
1	77·0	77·1	77·2	77·3	77·4	77·5	77·6	77·7	77·8	77·9	78·0	1
2	154·0	154·2	154·4	154·6	154·8	155·0	155·2	155·4	155·6	155·8	156·0	2
3	231·0	231·3	231·6	231·9	232·2	232·5	232·8	233·1	233·4	233·7	234·0	3
4	308·0	308·4	308·8	309·2	309·6	310·0	310·4	310·8	311·2	311·6	312·0	4
5	385·0	385·5	386·0	386·5	387·0	387·5	388·0	388·5	389·0	389·5	390·0	5
6	462·0	462·6	463·2	463·8	464·4	465·0	465·6	466·2	466·8	467·4	468·0	6
7	539·0	539·7	540·4	541·1	541·8	542·5	543·2	543·9	544·6	545·3	546·0	7
8	616·0	616·8	617·6	618·4	619·2	620·0	620·8	621·6	622·4	623·2	624·0	8
9	693·0	693·9	694·8	695·7	696·6	697·5	698·4	699·3	700·2	701·1	702·0	9
	780	**781**	**782**	**783**	**784**	**785**	**786**	**787**	**788**	**789**	**790**	
1	78·0	78·1	78·2	78·3	78·4	78·5	78·6	78·7	78·8	78·9	79·0	1
2	156·0	156·2	156·4	156·6	156·8	157·0	157·2	157·4	157·6	157·8	158·0	2
3	234·0	234·3	234·6	234·9	235·2	235·5	235·8	236·1	236·4	236·7	237·0	3
4	312·0	312·4	312·8	313·2	313·6	314·0	314·4	314·8	315·2	315·6	316·0	4
5	390·0	390·5	391·0	391·5	392·0	392·5	393·0	393·5	394·0	394·5	395·0	5
6	468·0	468·6	469·2	469·8	470·4	471·0	471·6	472·2	472·8	473·4	474·0	6
7	546·0	546·7	547·4	548·1	548·8	549·5	550·2	550·9	551·6	552·3	553·0	7
8	624·0	624·8	625·6	626·4	627·2	628·0	628·8	629·6	630·4	631·2	632·0	8
9	702·0	702·9	703·8	704·7	705·6	706·5	707·4	708·3	709·2	710·1	711·0	9
	790	**791**	**792**	**793**	**794**	**795**	**796**	**797**	**798**	**799**	**800**	
1	79·0	79·1	79·2	79·3	79·4	79·5	79·6	79·7	79·8	79·9	80·0	1
2	158·0	158·2	158·4	158·6	158·8	159·0	159·2	159·4	159·6	159·8	160·0	2
3	237·0	237·3	237·6	237·9	238·2	238·5	238·8	239·1	239·4	239·7	240·0	3
4	316·0	316·4	316·8	317·2	317·6	318·0	318·4	318·8	319·2	319·6	320·0	4
5	395·0	395·5	396·0	396·5	397·0	397·5	398·0	398·5	399·0	399·5	400·0	5
6	474·0	474·6	475·2	475·8	476·4	477·0	477·6	478·2	478·8	479·4	480·0	6
7	553·0	553·7	554·4	555·1	555·8	556·5	557·2	557·9	558·6	559·3	560·0	7
8	632·0	632·8	633·6	634·4	635·2	636·0	636·8	637·6	638·4	639·2	640·0	8
9	711·0	711·9	712·8	713·7	714·6	715·5	716·4	717·3	718·2	719·1	720·0	9

	800	801	802	803	804	805	806	807	808	809	810	
1	80·0	80·1	80·2	80·3	80·4	80·5	80·6	80·7	80·8	80·9	81·0	1
2	160·0	160·2	160·4	160·6	160·8	161·0	161·2	161·4	161·6	161·8	162·0	2
3	240·0	240·3	240·6	240·9	241·2	241·5	241·8	242·1	242·4	242·7	243·0	3
4	320·0	320·4	320·8	321·2	321·6	322·0	322·4	322·8	323·2	323·6	324·0	4
5	400·0	400·5	401·0	401·5	402·0	402·5	403·0	403·5	404·0	404·5	405·0	5
6	480·0	480·6	481·2	481·8	482·4	483·0	483·6	484·2	484·8	485·4	486·0	6
7	560·0	560·7	561·4	562·1	562·8	563·5	564·2	564·9	565·6	566·3	567·0	7
8	640·0	640·8	641·6	642·4	643·2	644·0	644·8	645·6	646·4	647·2	648·0	8
9	720·0	720·9	721·8	722·7	723·6	724·5	725·4	726·3	727·2	728·1	729·0	9

	810	811	812	813	814	815	816	817	818	819	820	
1	81·0	81·1	81·2	81·3	81·4	81·5	81·6	81·7	81·8	81·9	82·0	1
2	162·0	162·2	162·4	162·6	162·8	163·0	163·2	163·4	163·6	163·8	164·0	2
3	243·0	243·3	243·6	243·9	244·2	244·5	244·8	245·1	245·4	245·7	246·0	3
4	324·0	324·4	324·8	325·2	325·6	326·0	326·4	326·8	327·2	327·6	328·0	4
5	405·0	405·5	406·0	406·5	407·0	407·5	408·0	408·5	409·0	409·5	410·0	5
6	486·0	486·6	487·2	487·8	488·4	489·0	489·6	490·2	490·8	491·4	492·0	6
7	567·0	567·7	568·4	569·1	569·8	570·5	571·2	571·9	572·6	573·3	574·0	7
8	648·0	648·8	649·6	650·4	651·2	652·0	652·8	653·6	654·4	655·2	656·0	8
9	729·0	729·9	730·8	731·7	732·6	733·5	734·4	735·3	736·2	737·1	738·0	9

	820	821	822	823	824	825	826	827	828	829	830	
1	82·0	82·1	82·2	82·3	82·4	82·5	82·6	82·7	82·8	82·9	83·0	1
2	164·0	164·2	164·4	164·6	164·8	165·0	165·2	165·4	165·6	165·8	166·0	2
3	246·0	246·3	246·6	246·9	247·2	247·5	247·8	248·1	248·4	248·7	249·0	3
4	328·0	328·4	328·8	329·2	329·6	330·0	330·4	330·8	331·2	331·6	332·0	4
5	410·0	410·5	411·0	411·5	412·0	412·5	413·0	413·5	414·0	414·5	415·0	5
6	492·0	492·6	493·2	493·8	494·4	495·0	495·6	496·2	496·8	497·4	498·0	6
7	574·0	574·7	575·4	576·1	576·8	577·5	578·2	578·9	579·6	580·3	581·0	7
8	656·0	656·8	657·6	658·4	659·2	660·0	660·8	661·6	662·4	663·2	664·0	8
9	738·0	738·9	739·8	740·7	741·6	742·5	743·4	744·3	745·2	746·1	747·0	9

	830	831	832	833	834	835	836	837	838	839	840	
1	83·0	83·1	83·2	83·3	83·4	83·5	83·6	83·7	83·8	83·9	84·0	1
2	166·0	166·2	166·4	166·6	166·8	167·0	167·2	167·4	167·6	167·8	168·0	2
3	249·0	249·3	249·6	249·9	250·2	250·5	250·8	251·1	251·4	251·7	252·0	3
4	332·0	332·4	332·8	333·2	333·6	334·0	334·4	334·8	335·2	335·6	336·0	4
5	415·0	415·5	416·0	416·5	417·0	417·5	418·0	418·5	419·0	419·5	420·0	5
6	498·0	498·6	499·2	499·8	500·4	501·0	501·6	502·2	502·8	503·4	504·0	6
7	581·0	581·7	582·4	583·1	583·8	584·5	585·2	585·9	586·6	587·3	588·0	7
8	664·0	664·8	665·6	666·4	667·2	668·0	668·8	669·6	670·4	671·2	672·0	8
9	747·0	747·9	748·8	749·7	750·6	751·5	752·4	753·3	754·2	755·1	756·0	9

	840	841	842	843	844	845	846	847	848	849	850	
1	84·0	84·1	84·2	84·3	84·4	84·5	84·6	84·7	84·8	84·9	85·0	1
2	168·0	168·2	168·4	168·6	168·8	169·0	169·2	169·4	169·6	169·8	170·0	2
3	252·0	252·3	252·6	252·9	253·2	253·5	253·8	254·1	254·4	254·7	255·0	3
4	336·0	336·4	336·8	337·2	337·6	338·0	338·4	338·8	339·2	339·6	340·0	4
5	420·0	420·5	421·0	421·5	422·0	422·5	423·0	423·5	424·0	424·5	425·0	5
6	504·0	504·6	505·2	505·8	506·4	507·0	507·6	508·2	508·8	509·4	510·0	6
7	588·0	588·7	589·4	590·1	590·8	591·5	592·2	592·9	593·6	594·3	595·0	7
8	672·0	672·8	673·6	674·4	675·2	676·0	676·8	677·6	678·4	679·2	680·0	8
9	756·0	756·9	757·8	758·7	759·6	760·5	761·4	762·3	763·2	764·1	765·0	9

	850	851	852	853	854	855	856	857	858	859	860	
1	85·0	85·1	85·2	85·3	85·4	85·5	85·6	85·7	85·8	85·9	86·0	1
2	170·0	170·2	170·4	170·6	170·8	171·0	171·2	171·4	171·6	171·8	172·0	2
3	255·0	255·3	255·6	255·9	256·2	256·5	256·8	257·1	257·4	257·7	258·0	3
4	340·0	340·4	340·8	341·2	341·6	342·0	342·4	342·8	343·2	343·6	344·0	4
5	425·0	425·5	426·0	426·5	427·0	427·5	428·0	428·5	429·0	429·5	430·0	5
6	510·0	510·6	511·2	511·8	512·4	513·0	513·6	514·2	514·8	515·4	516·0	6
7	595·0	595·7	596·4	597·1	597·8	598·5	599·2	599·9	600·6	601·3	602·0	7
8	680·0	680·8	681·6	682·4	683·2	684·0	684·8	685·6	686·4	687·2	688·0	8
9	765·0	765·9	766·8	767·7	768·6	769·5	770·4	771·3	772·2	773·1	774·0	9

	860	861	862	863	864	865	866	867	868	869	870	
1	86·0	86·1	86·2	86·3	86·4	86·5	86·6	86·7	86·8	86·9	87·0	1
2	172·0	172·2	172·4	172·6	172·8	173·0	173·2	173·4	173·6	173·8	174·0	2
3	258·0	258·3	258·6	258·9	259·2	259·5	259·8	260·1	260·4	260·7	261·0	3
4	344·0	344·4	344·8	345·2	345·6	346·0	346·4	346·8	347·2	347·6	348·0	4
5	430·0	430·5	431·0	431·5	432·0	432·5	433·0	433·5	434·0	434·5	435·0	5
6	516·0	516·6	517·2	517·8	518·4	519·0	519·6	520·2	520·8	521·4	522·0	6
7	602·0	602·7	603·4	604·1	604·8	605·5	606·2	606·9	607·6	608·3	609·0	7
8	688·0	688·8	689·6	690·4	691·2	692·0	692·8	693·6	694·4	695·2	696·0	8
9	774·0	774·9	775·8	776·7	777·6	778·5	779·4	780·3	781·2	782·1	783·0	9

	870	871	872	873	874	875	876	877	878	879	880	
1	87·0	87·1	87·2	87·3	87·4	87·5	87·6	87·7	87·8	87·9	88·0	1
2	174·0	174·2	174·4	174·6	174·8	175·0	175·2	175·4	175·6	175·8	176·0	2
3	261·0	261·3	261·6	261·9	262·2	262·5	262·8	263·1	263·4	263·7	264·0	3
4	348·0	348·4	348·8	349·2	349·6	350·0	350·4	350·8	351·2	351·6	352·0	4
5	435·0	435·5	436·0	436·5	437·0	437·5	438·0	438·5	439·0	439·5	440·0	5
6	522·0	522·6	523·2	523·8	524·4	525·0	525·6	526·2	526·8	527·4	528·0	6
7	609·0	609·7	610·4	611·1	611·8	612·5	613·2	613·9	614·6	615·3	616·0	7
8	696·0	696·8	697·6	698·4	699·2	700·0	700·8	701·6	702·4	703·2	704·0	8
9	783·0	783·9	784·8	785·7	786·6	787·5	788·4	789·3	790·2	791·1	792·0	9

	880	881	882	883	884	885	886	887	888	889	890	
1	88·0	88·1	88·2	88·3	88·4	88·5	88·6	88·7	88·8	88·9	89·0	1
2	176·0	176·2	176·4	176·6	176·8	177·0	177·2	177·4	177·6	177·8	178·0	2
3	264·0	264·3	264·6	264·9	265·2	265·5	265·8	266·1	266·4	266·7	267·0	3
4	352·0	352·4	352·8	353·2	353·6	354·0	354·4	354·8	355·2	355·6	356·0	4
5	440·0	440·5	441·0	441·5	442·0	442·5	443·0	443·5	444·0	444·5	445·0	5
6	528·0	528·6	529·2	529·8	530·4	531·0	531·6	532·2	532·8	533·4	534·0	6
7	616·0	616·7	617·4	618·1	618·8	619·5	620·2	620·9	621·6	622·3	623·0	7
8	704·0	704·8	705·6	706·4	707·2	708·0	708·8	709·6	710·4	711·2	712·0	8
9	792·0	792·9	793·8	794·7	795·6	796·5	797·4	798·3	799·2	800·1	801·0	9

	890	891	892	893	894	895	896	897	898	899	900	
1	89·0	89·1	89·2	89·3	89·4	89·5	89·6	89·7	89·8	89·9	90·0	1
2	178·0	178·2	178·4	178·6	178·8	179·0	179·2	179·4	179·6	179·8	180·0	2
3	267·0	267·3	267·6	267·9	268·2	268·5	268·8	269·1	269·4	269·7	270·0	3
4	356·0	356·4	356·8	357·2	357·6	358·0	358·4	358·8	359·2	359·6	360·0	4
5	445·0	445·5	446·0	446·5	447·0	447·5	448·0	448·5	449·0	449·5	450·0	5
6	534·0	534·6	535·2	535·8	536·4	537·0	537·6	538·2	538·8	539·4	540·0	6
7	623·0	623·7	624·4	625·1	625·8	626·5	627·2	627·9	628·6	629·3	630·0	7
8	712·0	712·8	713·6	714·4	715·2	716·0	716·8	717·6	718·4	719·2	720·0	8
9	801·0	801·9	802·8	803·7	804·6	805·5	806·4	807·3	808·2	809·1	810·0	9

	900	901	902	903	904	905	906	907	908	909	910	
1	90·0	90·1	90·2	90·3	90·4	90·5	90·6	90·7	90·8	90·9	91·0	1
2	180·0	180·2	180·4	180·6	180·8	181·0	181·2	181·4	181·6	181·8	182·0	2
3	270·0	270·3	270·6	270·9	271·2	271·5	271·8	272·1	272·4	272·7	273·0	3
4	360·0	360·4	360·8	361·2	361·6	362·0	362·4	362·8	363·2	363·6	364·0	4
5	450·0	450·5	451·0	451·5	452·0	452·5	453·0	453·5	454·0	454·5	455·0	5
6	540·0	540·6	541·2	541·8	542·4	543·0	543·6	544·2	544·8	545·4	546·0	6
7	630·0	630·7	631·4	632·1	632·8	633·5	634·2	634·9	635·6	636·3	637·0	7
8	720·0	720·8	721·6	722·4	723·2	724·0	724·8	725·6	726·4	727·2	728·0	8
9	810·0	810·9	811·8	812·7	813·6	814·5	815·4	816·3	817·2	818·1	819·0	9

	910	911	912	913	914	915	916	917	918	919	920	
1	91·0	91·1	91·2	91·3	91·4	91·5	91·6	91·7	91·8	91·9	92·0	1
2	182·0	182·2	182·4	182·6	182·8	183·0	183·2	183·4	183·6	183·8	184·0	2
3	273·0	273·3	273·6	273·9	274·2	274·5	274·8	275·1	275·4	275·7	276·0	3
4	364·0	364·4	364·8	365·2	365·6	366·0	366·4	366·8	367·2	367·6	368·0	4
5	455·0	455·5	456·0	456·5	457·0	457·5	458·0	458·5	459·0	459·5	460·0	5
6	546·0	546·6	547·2	547·8	548·4	549·0	549·6	550·2	550·8	551·4	552·0	6
7	637·0	637·7	638·4	639·1	639·8	640·5	641·2	641·9	642·6	643·3	644·0	7
8	728·0	728·8	729·6	730·4	731·2	732·0	732·8	733·6	734·4	735·2	736·0	8
9	819·0	819·9	820·8	821·7	822·6	823·5	824·4	825·3	826·2	827·1	828·0	9

	920	921	922	923	924	925	926	927	928	929	930	
1	92·0	92·1	92·2	92·3	92·4	92·5	92·6	92·7	92·8	92·9	93·0	1
2	184·0	184·2	184·4	184·6	184·8	185·0	185·2	185·4	185·6	185·8	186·0	2
3	276·0	276·3	276·6	276·9	277·2	277·5	277·8	278·1	278·4	278·7	279·0	3
4	368·0	368·4	368·8	369·2	369·6	370·0	370·4	370·8	371·2	371·6	372·0	4
5	460·0	460·5	461·0	461·5	462·0	462·5	463·0	463·5	464·0	464·5	465·0	5
6	552·0	552·6	553·2	553·8	554·4	555·0	555·6	556·2	556·8	557·4	558·0	6
7	644·0	644·7	645·4	646·1	646·8	647·5	648·2	648·9	649·6	650·3	651·0	7
8	736·0	736·8	737·6	738·4	739·2	740·0	740·8	741·6	742·4	743·2	744·0	8
9	828·0	828·9	829·8	830·7	831·6	832·5	833·4	834·3	835·2	836·1	837·0	9

	930	931	932	933	934	935	936	937	938	939	940	
1	93·0	93·1	93·2	93·3	93·4	93·5	93·6	93·7	93·8	93·9	94·0	1
2	186·0	186·2	186·4	186·6	186·8	187·0	187·2	187·4	187·6	187·8	188·0	2
3	279·0	279·3	279·6	279·9	280·2	280·5	280·8	281·1	281·4	281·7	282·0	3
4	372·0	372·4	372·8	373·2	373·6	374·0	374·4	374·8	375·2	375·6	376·0	4
5	465·0	465·5	466·0	466·5	467·0	467·5	468·0	468·5	469·0	469·5	470·0	5
6	558·0	558·6	559·2	559·8	560·4	561·0	561·6	562·2	562·8	563·4	564·0	6
7	651·0	651·7	652·4	653·1	653·8	654·5	655·2	655·9	656·6	657·3	658·0	7
8	744·0	744·8	745·6	746·4	747·2	748·0	748·8	749·6	750·4	751·2	752·0	8
9	837·0	837·9	838·8	839·7	840·6	841·5	842·4	843·3	844·2	845·1	846·0	9

	940	941	942	943	944	945	946	947	948	949	950	
1	94·0	94·1	94·2	94·3	94·4	94·5	94·6	94·7	94·8	94·9	95·0	1
2	188·0	188·2	188·4	188·6	188·8	189·0	189·2	189·4	189·6	189·8	190·0	2
3	282·0	282·3	282·6	282·9	283·2	283·5	283·8	284·1	284·4	284·7	285·0	3
4	376·0	376·4	376·8	377·2	377·6	378·0	378·4	378·8	379·2	379·6	380·0	4
5	470·0	470·5	471·0	471·5	472·0	472·5	473·0	473·5	474·0	474·5	475·0	5
6	564·0	564·6	565·2	565·8	566·4	567·0	567·6	568·2	568·8	569·4	570·0	6
7	658·0	658·7	659·4	660·1	660·8	661·5	662·2	662·9	663·6	664·3	665·0	7
8	752·0	752·8	753·6	754·4	755·2	756·0	756·8	757·6	758·4	759·2	760·0	8
9	846·0	846·9	847·8	848·7	849·6	850·5	851·4	852·3	853·2	854·1	855·0	9

	950	951	952	953	954	955	956	957	958	959	960	
1	95·0	95·1	95·2	95·3	95·4	95·5	95·6	95·7	95·8	95·9	96·0	1
2	190·0	190·2	190·4	190·6	190·8	191·0	191·2	191·4	191·6	191·8	192·0	2
3	285·0	285·3	285·6	285·9	286·2	286·5	286·8	287·1	287·4	287·7	288·0	3
4	380·0	380·4	380·8	381·2	381·6	382·0	382·4	382·8	383·2	383·6	384·0	4
5	475·0	475·5	476·0	476·5	477·0	477·5	478·0	478·5	479·0	479·5	480·0	5
6	570·0	570·6	571·2	571·8	572·4	573·0	573·6	574·2	574·8	575·4	576·0	6
7	665·0	665·7	666·4	667·1	667·8	668·5	669·2	669·9	670·6	671·3	672·0	7
8	760·0	760·8	761·6	762·4	763·2	764·0	764·8	765·6	766·4	767·2	768·0	8
9	855·0	855·9	856·8	857·7	858·6	859·5	860·4	861·3	862·2	863·1	864·0	9
	960	**961**	**962**	**963**	**964**	**965**	**966**	**967**	**968**	**969**	**970**	
1	96·0	96·1	96·2	96·3	96·4	96·5	96·6	96·7	96·8	96·9	97·0	1
2	192·0	192·2	192·4	192·6	192·8	193·0	193·2	193·4	193·6	193·8	194·0	2
3	288·0	288·3	288·6	288·9	289·2	289·5	289·8	290·1	290·4	290·7	291·0	3
4	384·0	384·4	384·8	385·2	385·6	386·0	386·4	386·8	387·2	387·6	388·0	4
5	480·0	480·5	481·0	481·5	482·0	482·5	483·0	483·5	484·0	484·5	485·0	5
6	576·0	576·6	577·2	577·8	578·4	579·0	579·6	580·2	580·8	581·4	582·0	6
7	672·0	672·7	673·4	674·1	674·8	675·5	676·2	676·9	677·6	678·3	679·0	7
8	768·0	768·8	769·6	770·4	771·2	772·0	772·8	773·6	774·4	775·2	776·0	8
9	864·0	864·9	865·8	866·7	867·6	868·5	869·4	870·3	871·2	872·1	873·0	9
	970	**971**	**972**	**973**	**974**	**975**	**976**	**977**	**978**	**979**	**980**	
1	97·0	97·1	97·2	97·3	97·4	97·5	97·6	97·7	97·8	97·9	98·0	1
2	194·0	194·2	194·4	194·6	194·8	195·0	195·2	195·4	195·6	195·8	196·0	2
3	291·0	291·3	291·6	291·9	292·2	292·5	292·8	293·1	293·4	293·7	294·0	3
4	388·0	388·4	388·8	389·2	389·6	390·0	390·4	390·8	391·2	391·6	392·0	4
5	485·0	485·5	486·0	486·5	487·0	487·5	488·0	488·5	489·0	489·5	490·0	5
6	582·0	582·6	583·2	583·8	584·4	585·0	585·6	586·2	586·8	587·4	588·0	6
7	679·0	679·7	680·4	681·1	681·8	682·5	683·2	683·9	684·6	685·3	686·0	7
8	776·0	776·8	777·6	778·4	779·2	780·0	780·8	781·6	782·4	783·2	784·0	8
9	873·0	873·9	874·8	875·7	876·6	877·5	878·4	879·3	880·2	881·1	882·0	9
	980	**981**	**982**	**983**	**984**	**985**	**986**	**987**	**988**	**989**	**990**	
1	98·0	98·1	98·2	98·3	98·4	98·5	98·6	98·7	98·8	98·9	99·0	1
2	196·0	196·2	196·4	196·6	196·8	197·0	197·2	197·4	197·6	197·8	198·0	2
3	294·0	294·3	294·6	294·9	295·2	295·5	295·8	296·1	296·4	296·7	297·0	3
4	392·0	392·4	392·8	393·2	393·6	394·0	394·4	394·8	395·2	395·6	396·0	4
5	490·0	490·5	491·0	491·5	492·0	492·5	493·0	493·5	494·0	494·5	495·0	5
6	588·0	588·6	589·2	589·8	590·4	591·0	591·6	592·2	592·8	593·4	594·0	6
7	686·0	686·7	687·4	688·1	688·8	689·5	690·2	690·9	691·6	692·3	693·0	7
8	784·0	784·8	785·6	786·4	787·2	788·0	788·8	789·6	790·4	791·2	792·0	8
9	882·0	882·9	883·8	884·7	885·6	886·5	887·4	888·3	889·2	890·1	891·0	9
	990	**991**	**992**	**993**	**994**	**995**	**996**	**997**	**998**	**999**	**1000**	
1	99·0	99·1	99·2	99·3	99·4	99·5	99·6	99·7	99·8	99·9	100·0	1
2	198·0	198·2	198·4	198·6	198·8	199·0	199·2	199·4	199·6	199·8	200·0	2
3	297·0	297·3	297·6	297·9	298·2	298·5	298·8	299·1	299·4	299·7	300·0	3
4	396·0	396·4	396·8	397·2	397·6	398·0	398·4	398·8	399·2	399·6	400·0	4
5	495·0	495·5	496·0	496·5	497·0	497·5	498·0	498·5	499·0	499·5	500·0	5
6	594·0	594·6	595·2	595·8	596·4	597·0	597·6	598·2	598·8	599·4	600·0	6
7	693·0	693·7	694·4	695·1	695·8	696·5	697·2	697·9	698·6	699·3	700·0	7
8	792·0	792·8	793·6	794·4	795·2	796·0	796·8	797·6	798·4	799·2	800·0	8
9	891·0	891·9	892·8	893·7	894·6	895·5	896·4	897·3	898·2	899·1	900·0	9

FSC
www.fsc.org
MIX
Papier | Fördert
gute Waldnutzung
FSC® C083411

Zeitfracht Medien GmbH
Ferdinand-Jühlke-Straße 7
99095 Erfurt, Deutschland
produktsicherheit@kolibri360.de